图解畜禽标准化规模养殖系列丛书

肉牛标准化规模养殖图册

王之盛　万发春　主编

U0381070

中国农业出版社
北　京

丛书编委会

本书编委会

总　序

　　我国畜牧业近几十年得到了长足的发展和取得了突出的成就，为国民经济建设和人民生活水平提高发挥了重要的支撑作用。目前，我国畜牧业正处于由传统畜牧业向现代畜牧业转型的关键时期，畜牧生产方式必然发生根本的变革。在新的发展形势下，尚存在一些影响发展的制约因素，主要表现在畜禽规模化程度不高，标准化生产体系不健全，疫病防治制度不规范，安全生产和环境控制的压力加大。主要原因在于现代科学技术的推广应用还不够广泛和深入，从业者的科技意识和技术水平尚待提高，这就需要科技工作者为广大养殖企业和农户提供更加浅显易懂、便于推广使用的科普读物。

　　《图解畜禽标准化规模养殖系列丛书》的编写出版，正是适应我国现代畜牧业发展和广大养殖户的需要，针对畜禽生产中存在的问题，对猪、蛋鸡、肉鸡、奶牛、肉牛、山羊、绵羊、兔、鸭、鹅10种畜禽的标准化生产，以图文并茂的方式介绍了标准化规模养殖全过程、产品加工、经营管理的关键技术环节和要点。丛书内容十分丰富，包括畜禽养殖场选址与设计、畜禽品种与繁殖技术、饲料与日粮配制、饲养管理、环境卫生与控制、常见疾病诊治与防疫、畜禽屠宰与产品加工、畜禽养殖场经营管理等内容。

　　本套丛书具有鲜明的特点：一是顺应现代畜牧业发展要求，引领产业发展。本套丛书以标准化和规模化为着力点，对促进我国畜牧业生产方式的转变，加快构建现代产业体系，推动产业转型升级，深入推进畜牧业标准化、规模化、产业化发展具有重要意义。二是组织了实力雄厚的创作队伍，创作团队由国内知名专家学者组成，其中主要包括大专院校和科研院所的专家、教授，国家现代农业产业技术体系的岗位科学家和骨干成员、养殖企业的技术骨干，他们长期在教学和畜禽生产一线工作，具有扎实的专业理论知识和实践经验。三是立意新颖，用图解的方式完整解析畜禽生产全产业链的关键技术，突出标准化和规模化特色，从专业、规范、标准化的角度介绍国内外的畜禽养殖最新实用技术成果和标准化生产技术规程。四是写作手法创新，突出原创，通过作者自己原创的照片、线条图、卡通图等多种形式，辅助以诙谐幽默的大众化语言来讲述畜禽标准化规模养殖和产品加工过程中的关键技术环节和要求，以及经营理念。文中收录的图片和插图生动、直观、科学、准确，文字简练、易懂、富有趣味性，具有一看就懂、一学即会的实用特点。适合养殖场及相关技术人员培训、学习和参考。

本套丛书的出版发行，必将对加快我国畜禽生产的规模化和标准化进程起到重要的助推作用，对现代畜牧业的持续、健康发展产生重要的影响。

中国工程院院士
华中农业大学教授 陈焕春

序

　　但凡被认为是知名的企业或者品牌，一般具备五大特征：稳定，成熟，有规模，有标准，有经营和生产模式，这些特征适用于任何行业、任何企业、任何厂（场）家，这在畜牧业也不例外。

　　按照肉牛生产力计算，我国的黄牛从1997年起才可以称作肉牛，因为从这一年开始，我国的肉牛生产力达到了20头／吨，与世界二流肉牛国家持平。也就是说，虽然我国大规模屠宰黄牛的牛肉生产开始于20世纪80年代，但肉牛产业的元年却是1997年，可见我国的肉牛产业其实相当于蹒跚学步的幼儿，因而这个产业还不稳定，还不成熟，缺乏具有可持续能力的标准化和规模化养殖生产与经营模式。至今还缺乏的国家肉牛育种系统，母牛和架子牛的分散饲养，私屠滥宰的横行和过剩的屠宰企业，人看着舒服、牛住着难受的牛舍，兽医诊疗系统的缺失和技术普及瓶颈等就是佐证。

　　但在我国经济快速发展、人们生活水平日益提高的现在和将来，肉牛产业必然要快速发展，因为国人要吃牛肉，要吃优质牛肉。但没有规模无以形成标准，更不可能有效投入技术提高肉牛生产力，所以要满足国人对牛肉质量的需求，规模化、标准化是绕不开的坎子，普及肉牛养殖的规模化、标准化技术则是越过这道坎的第一步。

　　在国家肉牛牦牛产业技术体系的支持和帮助下，岗位科学家王之盛教授、万发春研究员主编，一批体系内外学者参编的这本图册，就是从普及肉牛养殖的标准化和规模化技术这个角度出发，用通俗易懂的文字和直观的图片凝练了深奥难懂的道理和技术，达到了让读者"看了能懂，懂了能做"的轻简地步，是一本普及肉牛养殖技术的好

1

教材。从字里行间和图片之中，不但能看出这本图册的写作团队拥有一线的实战技能，还让人深深感到他们是一支热爱肉牛产业、热爱养牛人的队伍。

　　本人荣幸受邀担任该书的主审并作序，在审阅全书的过程中，受益匪浅。值此《肉牛标准化规模养殖图册》即将出版之际，表示衷心的祝贺。愿肉牛生产技术工作者能灵活运用这本图册的技术和知识指导生产实践，更相信广大的养牛朋友能按照这本图册"做了有效"，大幅提高我国肉牛规模化、标准化养殖水平。

国家肉牛牦牛产业技术体系首席科学家
中国农业大学教授　曹兵海

编 者 的 话

　　针对现阶段我国畜禽养殖存在的突出问题，以传播现代标准化养殖知识和规模化经营理念为宗旨，四川农业大学牵头组织200余人共同创作《图解畜禽标准化规模养殖系列丛书》，包括猪、奶牛、肉牛、蛋鸡、肉鸡、鸭、鹅、山羊、绵羊和兔10本图册，于2013年1月由中国农业出版社出版发行。丛书将"畜禽良种化、养殖设施化、生产规范化、防疫制度化、粪污处理无害化"的内涵贯穿于全过程，充分考虑受众的阅读习惯和理解能力，采用通俗易懂、幽默诙谐的图文搭配，生动形象地解析畜禽标准化生产全产业链关键技术，实用性和可操作性强，深受企业和养殖户喜爱。丛书发行覆盖了全国31个省、自治区、直辖市，发行10万余册，并入选全国"养殖书屋"用书，对行业发展产生了积极的影响。

　　为了进一步扩大丛书的推广面，在保持原图册内容和风格基础上，我们重新编印出版简装本，内容更加简明扼要，易于学习和掌握应用知识，并降低了印刷成本。同时，利用现代融媒体手段，将大量图片和视频资料通过二维码链接，用手机扫描观看，极大方便了读者阅读。相信简装本的出版发行，将进一步普及畜禽科学养殖知识，提升畜禽标准化养殖和畜产品质量安全水平、助推脱贫攻坚和乡村振兴战略实施。

前　言

　　改革开放以后，随着农业机械化的快速普及，以及消费者对牛肉的产量和质量需求不断提高，肉牛养殖由传统的役用向肉用发展，使肉牛养殖业成为增加农民就业和带动农民增收的重要支柱产业之一。目前我国肉牛产业正处于由传统向现代畜牧业转型的关键时期，由于肉牛产业发展起步晚，现实生产中也出现了一些不容忽视的问题，如养殖设施不齐备，养殖的技术仍停留在传统水平，良种良繁率不高，饲料配方科学化和防疫制度化的程度不高，粪污无害化处理普及率不高，肉牛特别是母牛存栏出现下降，母牛养殖比较效益偏低。这些问题主要是由于肉牛业长期形成的大群体小规模分散养殖，缺乏科学的养殖技术指导造成的。这些问题在生产水平和养殖成本低的时候表现不突出，但一旦进入规模化养殖阶段，所有的投入都要考虑成本时就显得十分突出。

　　随着城镇化进程的加快和经济的稳步增长，我国的肉牛业将逐步由大群体小规模养殖向适度规模标准化养殖方向发展，为了引导和推动这种转变，国家提出了标准化养殖场创建活动，并制定了相应的标准。实现这个转变必须由科技提供坚实的支撑。近年来虽然出版了大量的书籍，但由于从业人员的文化程度和专业水平普遍偏低，很难理解和掌握书籍中的大量理论知识和专业知识。鉴于2009年出版的图文并茂的《奶牛标准化规模养殖图册》受到了用户和同行的好评和认可，在中国农业出版社和国家肉牛牦牛产业技术体系的支持下，我们组织四川农业大学、山东省农业科学院、中国农业大学、中国农业科学院（北京）畜牧兽医研究所、华中农业大学、新疆畜牧科学院以及肉牛养殖企业等一批长期在教学、科研和生产一线的教授和专家，针对肉牛标准化规模养殖中存在的共性问题，采用图文并茂的形式编写了《肉牛标准化规模养殖图册》，以便肉牛从业者直接学习和看图养牛，普及肉牛标准化规模养殖技术，推动肉牛养殖的科学化和标准化发展。

该图册以图片形式系统、直观、科学描述肉牛标准化规模养殖，包括牛场选址设计、环境卫生与防疫、饲养管理技术规范、饲料与日粮配制、繁殖技术、常见病诊治、牛肉加工和牛场经营管理等核心养殖技术内容。为了让从业者能看得懂，用得上，本书编写中着重突出了可操作性和实用性，使之成为广大肉牛养殖户和相关专业技术人员的重要参考书籍。然而由于时间和经验等原因，书中内容难免有不足和不当之处，希望同行学者、技术人员和广大肉牛养殖者提出宝贵意见，以期在再版中改进。

编　者

目　录

第一章　养殖设施化

第一节　肉牛场选址与布局

一、场址选择

肉牛场场址选择应符合《中华人民共和国畜牧法》和地方土地与农业发展规划要求，还应考虑场地的地形、地势、水源、土壤、地方性气候等自然条件，以及饲料和能源供应、交通运输、与工厂和居民点的相对位置，交通、电力、物资供应、产品的就近销售，牧场废弃物的就地处理等条件。

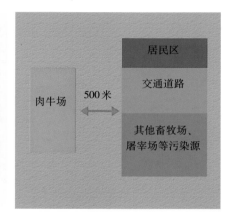

二、场地规划与布局

肉牛场规划主要考虑其生产规模以及企业未来发展。肉牛场通常按功能分为3个区域：管理区、生产区和隔离区。根据主风向和坡度安排各区，可减少或防止牛场产生的不良气味、噪声及粪尿污水因风向和地面径流对居民生活和管理区工作环境造成的污染，并减少疫病蔓延的机会。

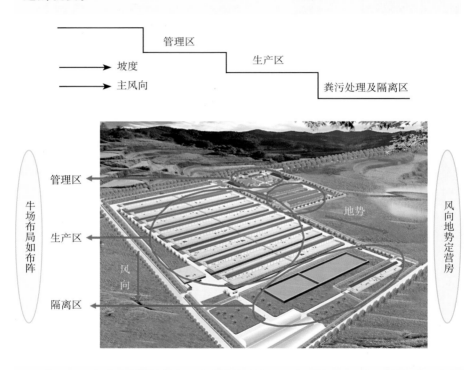

● **管理区** 包括行政和技术办公室、宿舍、食堂等，应在牛场上风处和地势较高地段，并且与生产区严格分开，还应考虑将其设在与外界联系方便的位置。

● **生产区** 分为肉牛饲养生产区和辅助生产区，是牛场的核心区；主要包括各生理阶段和生产目的的牛舍、人工授精室、兽医室、饲料加工车间及料库、装牛台、卸牛台、称重装置、杂品库、配电室、水塔等设施。入口外设人员消毒室、更衣室、车辆消毒池。生产区内道路净道和污道要严格分开。各牛舍间保持适当距离，布局整齐，以便防疫和防火。此外，应将饲料加工车间和料库设在该区与管理区隔墙处，既满足防疫要求，又方便饲料进入生产区。

管理区在上风向 独据场内制高点

办公区及住宅区

育成牛舍
能繁母牛

隔离牛舍
育肥牛舍

● 隔离区　包括病牛隔离舍、尸坑或焚尸炉、粪便污水处理设施等，应设在场区地势较低处和最下风向或侧风向，且最好与生产区有100米的间隔，有围墙隔离，并应远离水源。

第二节　肉牛舍建设

一、牛舍类型

按照墙面不同可将牛舍分为全开放式（敞棚）、半开放式、有窗式和无窗式牛舍。按照屋顶结构可以分为钟楼式、半钟楼式、双坡式和单坡式。

全开放式牛舍

双坡半开放式牛舍

卷帘窗全封闭牛舍

有窗式全封闭牛舍

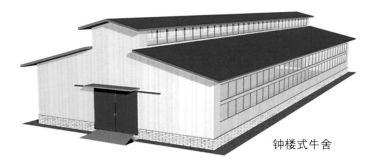

钟楼式牛舍

单坡式牛舍

双坡式牛舍

北方地区冬季寒冷多风,应采用封闭程度高的单坡牛舍或在双坡牛舍上部设采光带,以充分利用冬季日光取暖;南方地区夏季炎热潮湿,应采用开放程度高、跨度大、屋顶高的牛舍,以利于自然通风和降温。

温室牛舍

按照牛只在舍内的分布方式可分为单列式、双列式、多列式。

单 列 式

双 列 式

二、牛舍建造要求

● **母牛舍** 采食位和卧栏的比例以1∶1为宜,每头牛占牛舍面积8～10米²,运动场面积20～25米²。畜舍单列式跨度建议为7米,双列式为12米；长度以实际情况决定，不要超过100米。排污沟向沉淀池方向有1%～1.5%的坡度。

● **产房** 每头犊牛占牛舍面积2米^2，每头母牛占牛舍面积8～10米^2，运动场面积20～25米^2。可选用3.6米×3.6米产栏。地面铺设稻草类垫料，以加强保温和提高牛只舒适度。

产 房

产 栏

● **犊牛舍** 每头犊牛占牛舍面积3～4米^2，运动场面积5～10米^2。牛舍地面应干燥，易排水。

寒冷地区犊牛舍

● **育成牛舍** 卧栏尺寸和母牛舍不同，其他设计基本与母牛舍一致，每头占牛舍面积4～6米^2，运动场面积10～15米^2。

● **育肥牛舍** 根据育肥目的不同，可分为普通育肥和高档育肥。拴系饲养牛位宽1.0～1.2米，小群饲养每头牛占地面积6～8米^2，运动场面积15～20米^2。

普通育肥可运动

高档育肥全舍饲

敞棚式肉牛舍

● **隔离牛舍** 是对新购入牛只或已经生病的牛只进行隔离观察、诊断、治疗的牛舍。建筑与普通牛舍基本一致，通常采用拴系饲养，舍内不设专门卧栏，以便清理消毒。

牛舍地面有讲究

凸凹有致能防滑

● **牛舍地面** 通常舍内地面高于舍外地面20～30毫米。地面要求坚实、足以承受其上动物与设备的载荷和摩擦力，既不会磨伤牛蹄，又不会打滑。根据用途不同，牛行走区域地面多采用混凝土拉毛、凹槽或立砖地面，躺卧区域多采用沙土或橡胶垫地面，运动

7

场多选用沙土或立砖地面。牛场常用混凝土地面：底层粗土夯实，中间层为300毫米厚粗砂石垫层，表层为100毫米厚C20混凝土，表层采用凹槽防滑，深度1厘米，间距3～5厘米。

沙土地面最舒适

沙土地面

混凝当防足下滑

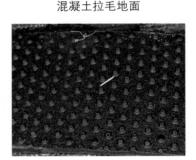

混凝土拉毛地面

立砖地面

橡胶地面

● **运动场** 运动场设围栏，包括横栏与栏柱，栏杆高1.2～1.5米，栏柱间隔1.5～2.0米，柱脚水泥包裹，运动场地面最好是沙土或三合土地面，向外有一定坡度用于排水。运动场边设饮水槽，日照强烈地区应在运动场内设凉棚。

运动场内三合土

由里及外三度坡

1.2～2米

1.2～1.5米

第三节　牛舍设施与设备

牛舍设施与设备

一、卧栏

卧栏常用于肉牛良种繁育场。拴系式卧栏是肉牛的主要活动场所，散栏式卧栏使牛只采食和休息的区域完全分开，为之提供清洁、干燥、舒适的休息环境。卧栏由卧床、卧栏隔栏、卧床基础和垫料组成。隔栏长度要比卧床短36厘米左右。

体重（千克）	卧 床 尺 寸			
	牛床宽度（米）	牛床躺卧长度（米）	头部空间（米）	牛床总长（米）
500	1.13	1.58	0.47	2.01
600	1.17	1.66	0.48	2.10
700	1.21	1.72	0.50	2.17

[引自国际农业工程委员会（CIGR）2004.肉牛舍建筑指导]

卧床可选用的垫料种类很多，如：橡胶垫、木板、废轮胎、锯末、花生皮、粗沙、碎秸秆、稻草、干牛粪等。沙子垫料的卧床基础一般采用素土夯实，橡胶、木板等做垫料时，牛床基础常采用混凝土或砖。

稻草廉价又实用

稻草垫料

橡胶好用价亦高

橡胶垫料

二、颈枷与食槽

● **颈枷** 应根据本场具体需要和工艺选择颈枷。繁殖母牛场可采用自锁式颈枷，肉牛养殖一般不采用自锁式颈枷。柱式颈枷适用于体重为300 ～ 500千克的肉牛，柱距0.18 ～ 0.25米。

颈枷不是无情物

限制自由便管理

定位防争草料净

● **食槽** 具有饮水设备的牛舍可采用地面食槽，以实现机械饲喂。无饮水设备的则采用通槽的有槽食槽，并兼作水槽。

有槽食槽

地面食槽

● 饲喂通道 位于食槽前，人工喂料时宽度一般为1.2～1.5米。全混合日粮（TMR）饲喂宽度则需2.8～3.6米。

人工饲喂通道

机械饲喂通道

三、饮水与排水

● 饮水设备 拴系式饲养饮水设备主要是饮水碗或以食槽兼水槽，一般每两头牛提供一个饮水碗，设在相邻卧栏隔栏的固定柱上，安装高度要高出卧床70～75厘米。饮水槽是散栏式牛场常用的饮水器，一般宽40～60厘米，深40厘米，水槽高度不宜超过70厘米，水槽内水深以15～20厘米为宜，一个水槽满足10～30头牛的饮水需要，寒冷地区要采取相应的措施以防止水槽结冰，有条件的牛场可选用恒温水槽。

饮 水 碗

恒温水槽

运动场水槽与饮水器

● **排尿沟** 排尿沟一般为弧形或方形底，明沟宽不宜超过25厘米，排尿沟与地下排污管的连接处应设沉淀池、上盖铁箅子。

铁 箅 子

巷道圈

第四节 肉牛场配套设施

● **道路** 牛场与场外运输连接、通往牛舍、料库等的净道宽6米；通向粪污处理区等运输污道宽3米，净道与污道要分开。

净 道 污 道

● **干草库** 干草库一般为开放式结构，必要时用帘布进行保护，也可三面设墙一面敞开；其建设规模主要依据牛场的饲养量和年采购次数决定。羊草重为30千克/捆，苜蓿重量为20千克/捆，干草垛高度可达4米，据此确定草棚长、宽、高。干草库建造重点是防火，其次是防潮，注意与其他建筑保持一定距离。

● **精料库** 正面开放，内设多个隔间，隔间多少由精料种类确定，料库大小由肉牛存栏量、精料采食量和原料储备时间决定。精料库一般不低于3.6米，挑檐1.2～1.8米，以方便装卸料，防止雨雪打湿精料。料库前设6.5～7.5米宽、向外坡度为2%的水泥路面，供料车进入。设计时注意防潮防鼠。

精 料 库

● **青贮池** 常见的青贮池分为半地下式、地下式和地上式，前两种虽然节省投资但不易排出雨水和渗出液。一般青贮池呈条形，三面为墙，一面敞开，池底稍有坡度，并设排水沟。青贮池一般为2.5～4.0米高，一般要求取料深度20厘米以上，根据养牛数量多少设计青贮窖池宽度，一般至少4～5米，长度因贮量和地形而定。

青 贮 池

● 饲料加工搅拌设备 规模化牛场可采用TMR搅拌车，可分为固定式和移动式。按搅拌方式可分为立式搅拌车和卧式搅拌车。

固定式搅拌车

卧式搅拌车

立式搅拌车

铡草、取青贮、混合分体机械

● 饲草饲料加工设备 牧草收割打捆机、铡草机、揉搓机、青贮切割机精补料粉碎机、混合机等，可用于完成对

打 捆 机

铡 草 机

饲料原料的收割、揉切、粉碎、成形、混合等。

收 割 机

● 保定架与装牛台　保定架是牛场用于固定牛只的设施，繁育牛场最好配备保定架。装牛台是牛只装车或卸车的设施，装牛台宽度为1.0 ~ 1.2米，出口高度与运牛车同高。

保 定 架

装 牛 台

（霍晓伟供图）

2 第二章　肉牛的品种与繁育技术

第一节　肉牛的主要品种与肉牛经济杂交

我国肉牛的主要品种可分为三大类：地方良种黄牛、引进的国外肉牛和自主选育而成的肉牛新品种。

一、我国地方良种黄牛

地方良种黄牛肉用、役用性能突出，耐粗饲，繁殖性能好，肉质优良，存栏数量大，是宝贵的遗传资源和我国牛肉生产的主体。

● 鲁西黄牛　原产地为黄河中下游的山东省菏泽市和济宁市。肉役兼用性好，个体高大，牛肉脂肪色泽白、大理石花纹好，性情温驯，体躯高大，结构匀称，细致紧凑。被毛从浅黄到棕红色，以黄色为最多，多数具有眼圈、口轮、腹下和四肢内侧毛色浅淡的"三粉特征"。

鲁西黄牛肉质好

我役用和育肥都是顶呱呱

鲁西黄牛公牛

耐粗耐热抗病强

鲁西黄牛母牛群

● **南阳牛**　原产地为中原的河南省南阳、许昌、周口、驻马店等地区。体型高大，四肢粗壮，体质结实，皮薄毛细，役用性能较好。舍饲性能好，耐粗饲，适应性强，肌肉丰满，产肉性能好。公牛鬐甲高，肩峰和肉垂发达，肩宽而厚，背腰平直。

南阳牛母牛

我的毛色是典型的黄色

南阳牛公牛

● **秦川牛**　原产地为渭河流域关中平原的咸阳和渭南等地。役用性能好，体躯较长，体形较丰满，骨骼粗壮坚实，性情温驯，适应性强。易育肥、牛肉肉质细嫩、大理石花纹好。毛色以紫红色和红色为主。秦川牛不仅是优秀的地方良种，也是作为杂交配套的理想品种之一。

秦川牛公牛

秦川牛母牛群

● **延边牛** 原产地为吉林省延边朝鲜族自治州。役肉兼用，体型中等，体质结实，鬐甲低平，肩峰不明显，肉用体型和产肉性能较好。被毛长而密，毛色以正黄色为主，少量为深黄色和浅黄色。延边牛耐粗饲，抗病力强。

延边牛种公牛

延边牛牛群

● **渤海黑牛** 原产地为山东省滨州等地。肉役兼用，体型中等，呈较为典型的肉用长筒状。性成熟和体成熟较早，前期生长快，繁殖力强。耐粗饲，耐寒暑，易肥育，产肉性能高，牛肉细嫩，大理石花纹好，可与安格斯牛相媲美。

我是国内唯一的黑牛品种"黑金刚"

渤海黑牛种公牛

渤海黑牛母牛

二、引进国外品种

我国先后引进了国外主要的肉用和兼用牛品种，目前在国内得到较为广泛利用的有利木赞、西门塔尔（肉乳兼用）、夏洛来、安格斯、瑞士褐牛、婆罗门牛、日本和牛等，这些品种的引进使我国的牛肉产量和质量得以快速提高，并在自主新品种的培育中发挥了重要作用。

● 利木赞牛　原产于法国，属于大型肉牛品种。体型较大，骨骼细，体躯长而宽，全身肌肉丰盈饱满，前、后躯肌肉尤其发达。被毛为黄红色，腹下、四肢、尾部、口、鼻和眼四周毛色稍浅。早熟性能好，前期对饲养水平要求较高，日增重高。耐粗饲，抗逆性好，适应性强。

利木赞牛公牛　（孟庆翔供图）

利木赞牛母牛

● **夏洛来牛** 原产地法国。体型大、生长快、饲料报酬高、屠宰率高、脂肪少、瘦肉率高，肉质嫩度和大理石花纹等级稍差。全身被毛以乳白色和白色为主，少数为枯草黄色。对环境适应性极强，耐寒暑，耐粗饲，放牧、舍饲饲养均可。

夏洛来牛公牛 （张丽君供图）　　　　夏洛来牛牛群 （孟庆翔供图）

● **西门塔尔牛** 原产地瑞士。产肉、泌乳和役用性能都十分突出，分为肉乳兼用和乳肉兼用两个类型。体型高大、粗壮，体躯长而丰满。毛色以黄白花或红白花为主。产肉性能良好，屠宰率偏低。适应性强，耐热、耐寒和耐粗饲，易饲养，舍饲和放牧均适宜。

西门塔尔牛公牛　　　　　　　　西门塔尔牛母牛

● **安格斯牛** 原产地英国，是世界上最古老的中小型早熟品种。体格低矮，肌肉丰满，生长速度快，胴体等级高，肉质细嫩、大理石花纹明显。全身毛色纯黑或全红、无角。安格斯牛较耐粗饲，耐寒冷和干旱，抗病能力强。

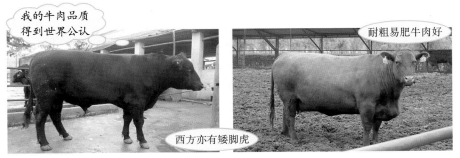

黑安格斯牛公牛　　　　　　　　　红安格斯牛母牛

● **瑞士褐牛** 原产地瑞士，为大中型乳肉兼用品种。泌乳性能突出，体型较大，被毛以褐色为主。适应性强，耐寒，耐粗饲，生长速度较快，产肉率较高。

瑞士褐牛公牛　　　　　　　　　　瑞士褐牛母牛

● **婆罗门牛** 原产地美国，是世界上分布最广的瘤牛品种之一。体型较大，头较长，角粗、中等长，瘤峰突出。毛色很杂，以银灰色为主。敏感，易受惊。耐粗饲，易育肥。非常耐热，不易受蜱、蚊和刺蝇的干扰，抗焦虫病和体内外寄生虫病能力强。出肉率高，胴体质量好。

婆罗门牛公牛

● **日本和牛** 原产地日本，是世界上公认的优秀肉牛品种。毛色分为褐色和黑色两种，以黑色为主，乳房和腹壁有白斑。体躯紧凑，腿细，前躯发育好，后躯稍差。育肥好的牛肉大理石花纹明显，俗称雪花肉，肉用价值极高，在日本被视为"国宝"。

顶级雪花肉每千克售价高达2 000元以上

日本和牛公牛 （刘善斋供图）

三、自主选育品种

我国自主培育的肉牛和兼用品种主要有新疆褐牛、中国西门塔尔牛、夏南牛、延黄牛和辽育白牛。

● **新疆褐牛** 主产区为新疆，是我国自主选育的第一个乳肉兼用品种，也是新疆最主要的牛肉和牛奶来源。体型外貌与瑞士褐牛相似，泌乳和产肉性能都较好。适应性强，耐粗饲，耐严寒和高温，抗病力强。

新疆褐牛种公牛

我是新疆农牧民的宝贝

新疆褐牛青年牛群

● **中国西门塔尔牛**　主产区为内蒙古、辽宁、山西、四川等地，是西门塔尔牛与我国地方黄牛杂交选育的乳肉兼用品种。外貌特征与国外西门塔尔牛基本一致，体躯深宽高大，结构匀称，肌肉发达，乳房发育良好。耐粗饲，抗病力强。

国内分布最广的品种

中国西门塔尔牛青年牛

中国西门塔尔牛犊牛

● **夏南牛**　主产区为河南南阳，是夏洛来牛与南阳牛杂交选育的肉用品种。肉用体型较好，体躯长宽，肌肉丰满。毛色以浅黄、米黄为主。性情温驯，易育肥，抗逆性强，耐寒，耐热性稍差。

夏南牛公牛

夏南牛母牛

● **延黄牛** 主产区为吉林延边，是利木赞牛与延边黄牛经导入杂交选育的肉用品种。体型外貌与延边牛接近，体躯呈长方形，结构匀称，生长速度快，牛肉品质好。性情温驯，耐寒，耐粗饲，抗病力强。

延黄牛公牛

延黄牛母牛

● **辽育白牛** 主产区为辽宁，是夏洛来牛与辽宁本地黄牛高代杂交选育的肉用品种。体型外貌与夏洛来接近，被毛白色或草白色。体型大，体躯呈长方形，肌肉丰满，增重快，肉用性能好。性情温驯，耐粗饲，抗寒能力强。

我长得和夏洛来牛很像哦

辽育白牛公牛　　　　　　　　　辽育白牛母牛

四、肉牛的经济杂交与改良

经济杂交的方法有很多种，常用的有二元杂交、三元杂交和轮回杂交等。

● **二元杂交**　指两个品种之间杂交，以获得两个品种之间的杂交优势。二元杂交方法简单，杂交优势明显，是使用最多的杂交方式。

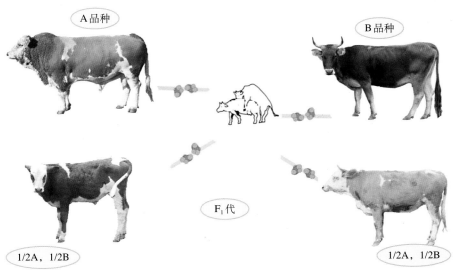

A品种　　　　　　B品种

F₁代

1/2A，1/2B　　　　　　　　　1/2A，1/2B

二元杂交示意图

（张扬团队供图）

25

● **三元杂交**　指三个品种之间杂交，优点是可以更充分地利用多个品种的优良性状。

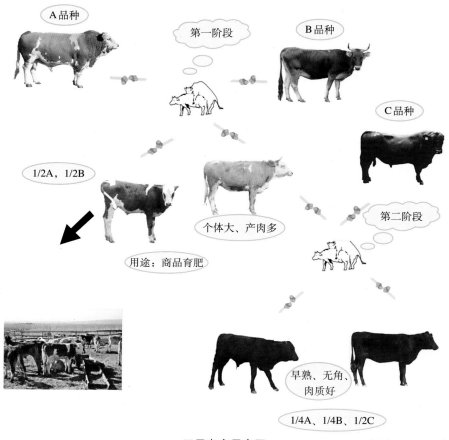

A品种

第一阶段

B品种

C品种

1/2A，1/2B

个体大、产肉多

第二阶段

用途：商品育肥

早熟、无角、肉质好

1/4A、1/4B、1/2C

三元杂交示意图　　　　　　　　（张扬团队供图）

● **轮回杂交**　用两个或两个以上品种的公牛，先以其中一个品种的公牛与本地母牛杂交，其杂种后代母牛再和另一品种公牛交配，以后继续用没有亲缘关系的两个品种的公牛轮回杂交。轮回杂交的优点是可有效减少种公牛饲养数量，避免单一品种过度杂交和近亲杂交带来的杂交优势衰退。

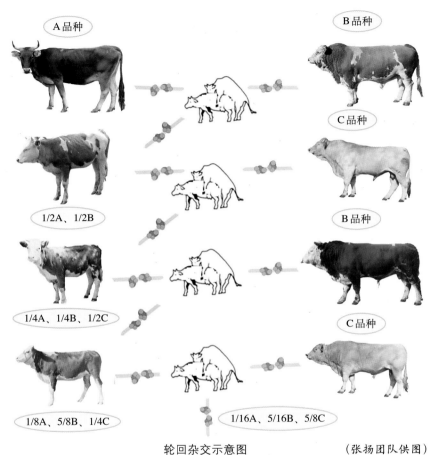

A品种

B品种

C品种

1/2A、1/2B

B品种

1/4A、1/4B、1/2C

C品种

1/8A、5/8B、1/4C

1/16A、5/16B、5/8C

轮回杂交示意图　　　　　　　　　　（张扬团队供图）

优中选优
不断提高

本 地 牛

● 我国肉牛杂交改良的方向　我国地域广泛，地方牛品种众多，杂交改良应根据生产实际需要和区域特点因地制宜进行。在农区以地方良种黄牛本品种选育为主，适当导入外血。

利用适宜的杂交组合和杂交方法生产杂交后代全部用于育肥，增加牛肉产量。

看看我的个头和肌肉，可以多产很多牛肉

育 肥 牛

进行有计划的选育，培育适于舍饲育肥的肉用新品种。

在广大牧区和农牧结合地带，以发展肉乳兼用品种为主。

我们有希望成为新品种哦

用于培育新品种的牛群

我虽小，牛肉可是特色哦

南方地区的小黄牛体型虽然较小，但耐热、抗病性强，适于草山草坡放牧，对于群体数量较小的，要以本品种选育为主。

南方黄牛

对于群体数量较大的，除本品种选育外，借鉴成熟经验进行杂交改良。

根据母牛体型选择佳偶，减少难产

雷琼牛和杂交后代

在云南等炎热地区，引入婆罗门牛等瘤牛品种进行改良。

杂交牛群

第二节　牛群结构及后备母牛的选择

一、牛群结构

牛群应保持合理的结构，在牛群不扩大的情况下，每年需从成年母牛群中淘汰老弱病残牛10%～15%，向成牛群补充后备牛15%～20%。

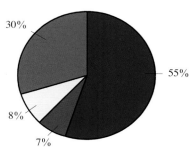

30%
55%
8%
7%

■ 成年母牛　　□ 后备育成母牛
□ 后备青年母牛　■ 犊牛

纯种肉牛牛群结构图

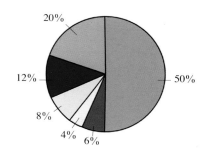

20%
50%
12%
8%
4%
6%

□ 泌乳母牛　　■ 围产母牛　　□ 干乳母牛
□ 后备育成母牛　■ 后备青年母牛　■ 犊牛

肉乳兼用牛牛群结构

二、后备母牛的选择

● **系谱选择** 按系谱选择主要考虑父亲、母亲及外祖父的育种值，特别是产肉性状的选择（父母的生长发育、日增重等性状指标）。

系谱齐全的新疆褐牛后备母牛个体
（张扬团队供图）

牛号	02-161	良种登记:		登记日期:		等级:		单位:	
品种	新疆褐牛	来源:	自繁	出生日期:	2002.12.18	初生重: 35千克		出生地:	
代数	纯种	毛色用途:	褐色乳肉兼用		近交系数:				

父系:

父号 113186961 品种: | 父号 13875073 等级:
父号 59 品种 奥地利褐牛 | 母号 06077964 等级:
来源 进口 等级 特级 | 等级: 出生日期:
出生日期 1979.3.4 活重: | 活重: (岁) 育种值: | 母号 142192867 等级: | 父号 139144167 等级:
年度 育种值: | 母号 130510467 等级:

年度	胎次	泌乳天数	全期奶量(千克)	305天奶量(千克)	含脂(%)	最高日产

母系:

母号: 父号 773 品种: | 父号 081400-93 等级:
等级: | 母号 247421373 等级:
出生日期 1996.4.4 等级: 出生日期:
活重: (岁) 育种值: | 母号 9142 等级: | 父号 80118 等级:
母号 86119 等级:

年度	胎次	泌乳天数	全期奶量(千克)	305天奶量(千克)	含脂(%)	最高日产
1999	1	286	3 623.1			
2000	2	212	1 808			
2001	3	335	5 210	4 743		
2002	4	418	8 682.5			
2004	5	299	5 448			

系谱齐全需要有以下内容：

➤ 牛号＿＿＿品种＿＿＿来源＿＿＿出生地＿＿＿出生日期＿＿＿初生重＿＿＿；

➤ 外貌及评分；

➤ 体尺体重与配种记录；

➤ 血统；

➤ 防疫记录。

● **生长发育选择** 按生长发育选择，主要以体尺、体重为依据，如包括初生重、6月龄、12月龄、初次配种（15月龄左右）的体尺和体重。

● **体型外貌选择** 按体型外貌选择主要根据不同月龄培育标准进行外貌鉴定，如肉用特征、日增重、肢蹄强弱、后躯肌肉是否丰满等特性，对不符合标准的个体及时淘汰。

后备母牛的体尺测定及外貌鉴定

（张扬团队供图）

第三节 肉牛繁殖生理

● **初情期** 肉牛初情期为8～12月龄，此时母牛生殖器官仍在继续生长发育，发情和排卵不规律，还不适合配种。

天啊，我有了结婚的念头，这算不算早熟啊，结婚能行吗

现在的我已具备怀宝宝的能力了耶！只可惜我的个头与体重还不够，我何时才能当上妈妈啊

● **性成熟期** 母牛初情期以后的一段时期，此时母牛生殖器官已发育成熟，具备了正常的繁殖能力，但未达到体成熟，还不宜配种。

● 初配适龄期　母牛初次配种的适宜年龄一般为15～18月龄，具体时间应根据生长发育情况和使用目的而定，要求体重达到该品种成年母牛体重的70%以上。

我已到结婚年龄了，好想有自己的孩子

唉，老了。繁殖能力也下降了，给我一点好吃的吧，让我快一点肥起来出栏

● 老龄期　肉牛的繁殖年限为8～10年，老龄牛的繁殖能力逐渐衰退，继而停止发情，应该予以淘汰。

第四节　发情鉴定

一、外部观察法

进入发情期的母牛，经常有公牛或母牛爬跨，发情母牛愿意接受爬跨，阴道流出透明黏液，阴门明显肿胀、发亮，开口较大。

发情期过后母牛拒绝爬跨，阴道流出黏液变成乳白色的丝状物，量较少，黏性较差。

发情母牛

发情爬跨　（张扬团队供图）

二、直肠检查法

直肠检查法是牛发情鉴定最常用和有效的方法。

➤ 通过将手伸进母牛直肠内，隔着直肠壁触摸卵巢上的卵泡，判断发育程度。

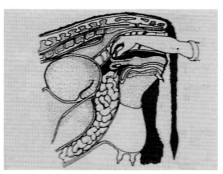

触摸卵泡确定配种时间

（引自陈幼春，《实用养牛大全》）

➤ 根据触诊卵泡发育情况，确定最佳配种时间。

检查发情母牛卵泡发育情况

（张扬团队供图）

第五节 繁殖技术

一、冷冻精液

冷冻精液是通过采精、稀释、添加抗冻剂、液氮冷藏，使精子的代谢活动停止，达到长期保存的目的。通过特定的解冻程序，精子可复苏，并具备受精能力。目前，广泛使用的冷冻精液为细管冻精，0.25毫升／支，要求解冻后有效精子数大于1 000万个（DB65/T 2163—2004）。

● 冷冻精液贮存

➤ 在液氮罐内贮存的冷冻精液必须浸没于液氮中，根据液氮罐的性能要求，定期添加液氮。罐内盛装冻精的提筒不能露在液氮外。

➤ 取放冻精时，提筒只允许提到液氮罐的瓶颈段以下。脱离液氮的时间不得超过10秒，必要时须再次浸没后再提取。

从液氮罐中取放细管冻精

（张扬团队供图）

转移细管冻精　　（张扬团队供图）

➤ 转移冻精时，提筒脱离液氮不得超过5秒。

➤ 取放冻精之后，应及时盖上罐塞，减少开启容器盖塞的次数和时间，以减少液氮消耗和防止异物落入罐内。

➤ 不同品种冻精应编号清楚，防止混杂。难以辨识的应予以销毁。

➤ 对长期贮存冻精的液氮罐应定期清理和洗刷。罐内液氮消耗显著增加，或罐外挂霜时，应及时更换。严防碰撞。

存放冻精时要编号，以防混杂和便于取放

（张扬团队供图）

● **冷冻精液的解冻**

➤ 细管冻精用38～39℃温水直接浸泡解冻，时间为10～15秒。

➤ 解冻后的细管精液应避免温度剧烈变化，避免阳光照射及有毒有害物品、气体接触。

➤ 解冻后精液存放时间不宜过长，应在1小时内输精。

● **精液品质检查**

➤ 检查精子活力用的显微镜载物台应保持 35 ~ 38℃。

➤ 在显微镜视野下，根据呈直线前进运动的精子数占全部精子数的比率来评定精子活力。冻精解冻后精子活力不得低于 0.3，在 37℃下存活时间大于 4 小时。

冻精必须按品种、批次进行镜检，精子活率达到标准后才能使用。

检查精子活力的显微镜和平台

（张扬团队供图）

精子活力

（张扬团队供图）

● **装枪**

➤ 金属输精枪的消毒。

用生理盐水棉球擦洗 ⟶ 用75%酒精棉球擦洗 ⟶ 蒸馏水冲洗 3 ~ 4 次

↓

烘干后用消毒纱布包好备用 ⟵ 蒸沸 30 分钟

➤ 将解冻后的精液细管按程序装入输精枪内，拧下输精枪管嘴，将细管剪口的一端朝管嘴前端放入管嘴内，两手分别握住细管和管嘴，同时稍用力将细管向管嘴内旋转一周，使细管剪口端与管嘴前端内壁充分吻合，然后将细管有栓塞的一端套在推杆上，拧紧管嘴即可输精。

解冻后的细管装枪

（张扬团队供图）

装好的输精枪戴上套管

（张扬团队供图）

二、人工输精

● **适时输精** 输精人员应根据发情鉴定结果适时输精，母牛发情后不同时间段其症状和最佳配种时间见下表：

发情时间	发 情 征 状	是否输精
0～5小时	母牛出现兴奋不安、食欲减退	太早
5～10小时	母牛主动靠近公牛，做弯腰，弓背姿势，有的流泪	过早
10～15小时	母牛爬跨其他牛，外阴肿胀，分泌透明黏液，哞叫	可以输精
15～20小时	阴道黏膜充血、潮红、表面光亮湿润，黏液开始较稀，不透明	最佳时间
20～25小时	已不再爬跨其他牛，黏液量增多，变稠	过晚
25～30小时	阴道逐渐恢复正常，不再肿胀	太晚

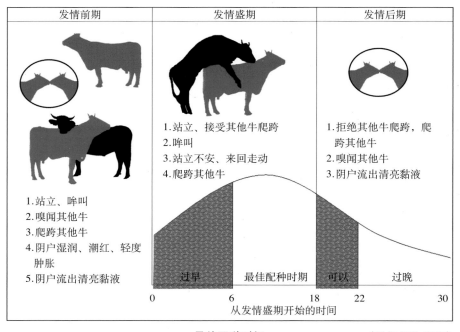

最佳配种时间 （张扬团队供图）

● **输精方法**

➤ 输精前用清水洗净牛外阴部，然后用0.1%高锰酸钾溶液消毒。

➤ 采用直肠把握子宫颈输精法，输精者左手戴长臂手套，涂以润滑剂，手指并拢呈锥形，缓缓插入母牛肛门并伸入直肠，抓住子宫颈，右手插入输精枪时要轻、稳、慢，输精枪尽量通过子宫颈口深部输精，输精完毕后缓慢抽出输精枪，让牛安静站立5～10分钟，防止精液倒流。

➤ 冻精解冻后最好在15分钟内输精完毕。

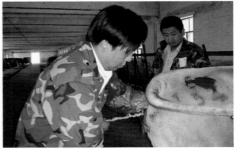

直肠把握输精

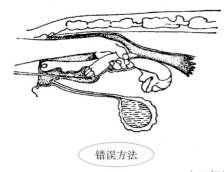
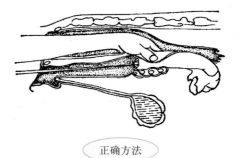

错误方法   正确方法

直肠把握法示意图

(引自郭志勤等,《家畜胚胎工程》)

三、同期发情

● **前列腺素法** 对母牛统一肌内注射溶解黄体的激素，促使黄体溶解，达到同时发情的目的。

1天	氯前列烯醇4毫升/头，肌内注射
11天	氯前列烯醇4毫升/头，肌内注射
13天发情	发情后根据时间输精

● **孕激素制剂法** 对母牛持续使用孕激素或类似物，抑制卵泡的生长发育，10天后同时停药，使卵巢机能恢复正常，引起同期发情。

时 间	处 理
0天	放置阴道栓
6天	前列腺素（PG）0.4毫克/头，肌内注射
8天下午	撤栓
9天	发情
10天	发情
11天	发情
17天	胚胎移植

四、胚胎移植

● **供体牛的选择** 选择品种优良、生产性能好、遗传稳定、系谱清楚、体质健康、繁殖机能正常、无遗传疾病，年龄在18月龄至8岁为宜。

● **供体牛超数排卵方法** 指用促性腺激素诱发卵巢排出多个具有受精能力的卵子。

成年供体牛

天数	0	6	7	8	9	10	11	17
上午 7:00—8:00	放置塞塔（阴道栓）	每头肌内注射促卵泡素1.4毫克	每头肌内注射促卵泡素1.05毫克	每头肌内注射促卵泡素0.7毫克	每头肌内注射促卵泡素0.35毫克、前列腺素0.4毫克，撤栓	母牛发情	人工授精	
晚上 19:00—20:00		每头肌内注射促卵泡素1.4毫克	每头肌内注射促卵泡素1.05毫克	每头肌内注射促卵泡素0.7毫克、前列腺素0.6毫克	每头肌内注射促卵泡素0.35毫克	母牛发情、人工授精、每头肌内注射促黄体素200国际单位	人工授精	冲胚

● **受体牛选择** 受体母牛要求年龄在3～8岁，健康，繁殖性能正常，无难产史，并与供体牛发情周期尽量同步，二者发情同步差不能超过±24小时。不能使用两次人工授精未孕的牛。

● **冲卵过程**

➤ **冲卵液** 冲卵液可以根据特定配方自己配制，也可购买现成的冲卵液。配好的冲卵液要过滤灭菌，4～5℃冷藏保存，pH 7.2～7.6。

➤ **供体牛保定** 将供体牛保定在木栏中，用2%的利多卡因5～10毫升／头（肌内注射），在荐椎和第一尾椎结合处或第一尾椎和第二尾椎结合处实行尾椎硬膜外麻醉，直至尾部无知觉。

受 体 牛

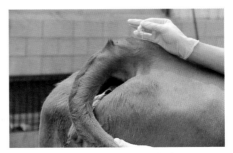

供体牛冲胚前尾椎麻醉

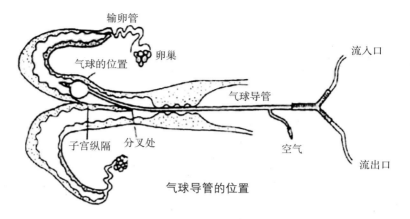

气球导管的位置

▶ **冲卵方法** 卵的收集是利用冲卵液将胚胎由生殖道中冲出，并收集在器皿中。

冲卵的方法　　　　　　（引自郭志勤编著，《家畜胚胎工程》）

拔出冲胚管内芯，将前端插入子宫角深部
（郑新宝供图）

冲　胚　　（郑新宝供图）

● 胚胎质量鉴
定 用形态学方法进
行胚胎质量鉴定,将
胚胎分为A、B、C
三个等级。

A级:胚胎形态完整,轮
廓清晰,呈球形,分裂球
大小均匀,结构紧凑,色
调和透明度适中,无附着
的细胞和液泡

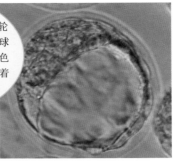

B级:轮廓清晰,色调及细
胞密度良好,可见到一些
附着的细胞和液泡,变性
细胞占10%~30%

C级:轮廓不清晰,色调
发暗,结构较松散,游
离的细胞或液泡较多,
变性细胞达30%~50%

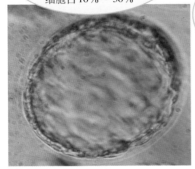

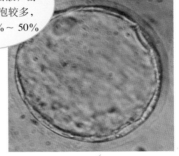

(新疆畜牧科学院生物技术中心供图)

● 移植

➤ 装管移植 用0.25毫升塑料细管按一步吸管法装管,然后将细
管装入移植器中移植。

棉塞	气泡	蔗糖液	保存液(胚胎)	蔗糖液	封口

30~60毫米　3~5毫米　　　15~20毫米

装管方法

(引自郭志勤,《家畜胚胎工程》)

胚胎移植前受体牛外阴部清洗和消毒

胚胎移植 （郑新宝供图）

➤ 胚胎移植与自然繁殖比较

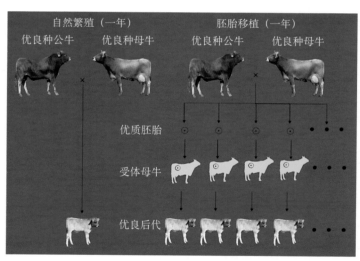

牛胚胎移植流程图 （张扬团队供图）

第六节 妊娠诊断

母牛输精后进行两次妊娠诊断，分别为配种后60～90天和停奶前。

一、直肠诊断

● 未孕的母牛

子宫间沟非常清楚，左右子宫角的大小一样

空怀母牛子宫图
（郑新宝供图）

● 妊娠1个月

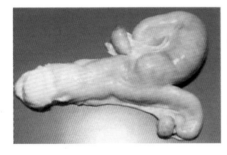

两子宫角不对称，孕角一侧的子宫较空角稍粗，质地变软，有液体波动感

妊娠1个月子宫图
（郑新宝供图）

● 妊娠2个月

孕角比空角粗一倍，孕角内有波动感，角间沟不清楚

妊娠2个月子宫图
（郑新宝供图）

● 妊娠3个月

孕角比空角约大3倍，子宫中动脉变直、变粗，搏动明显，角间沟消失

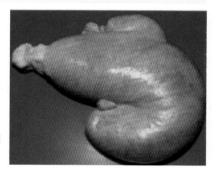

妊娠3个月子宫图
（郑新宝供图）

● 妊娠4个月以上

子宫垂入腹腔，摸不到整个子宫，可摸到胎盘子叶如荔枝果大，子宫壁变薄，有时可摸到胎儿。

二、超声波妊娠诊断

超声波诊断法的最大优点是它可在不损伤肉牛繁殖性能的情况下重复探查母牛生殖道。超声波诊断技术可分为超声示波诊断法（A超）、超声多普勒探查法（D超）和实时超声显像法（B超）。目前最常用的是B超诊断法。牛配种24天后可用B超诊断仪进行妊娠诊断，用探头隔直肠壁扫描子宫，可显示子宫和胎儿机体的断层切面图，以判断是否怀孕。

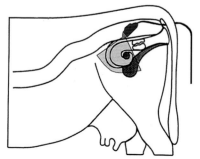

B超妊娠检查示意图 （郑新宝供图）

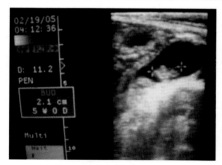

妊娠35天B超图像 （郑新宝供图）

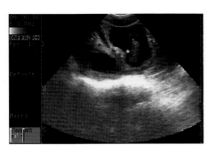

妊娠43天B超图像　（郑新宝供图）

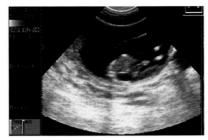

妊娠66天B超图像　（郑新宝供图）

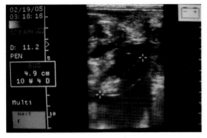

妊娠77天B超图像　（郑新宝供图）

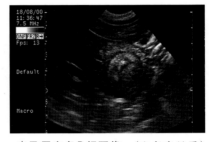

未孕子宫角B超图像　（郑新宝供图）

三、激素反应法

● 肌内注射法

配种后18～20天每头肌内注射200～400毫克雌激素或苯甲酸雌二醇2毫克

5天内不发情

怀孕

妊娠诊断——肌内注射法　　　　　　（张扬团队供图）

● 孕酮测定法

配种后23～24天采集血浆、全乳

测定孕酮含量，乳中孕酮含量比血液中高5～6倍

怀孕

妊娠诊断——孕酮测定法　　　　　　（张扬团队供图）

45

第七节 分娩预兆及分娩助产

一、分娩预兆

牛的妊娠期受品种、个体、年龄、季节以及饲养管理等条件的影响，一般为280天左右。根据配种档案记录，提前做好观察、预产期的推算（黄牛按配种当天月数减3，日数加6）及接产的准备工作。

● 乳房变化　初产奶牛妊娠4个月后，乳房开始增大，后期迅速增大；经产牛生产前15～30天乳房发育变化明显，并多在分娩前15天左右出现水肿。分娩前2天左右，乳房极度膨胀，皮肤发红，乳头饱满，可挤出初乳。

分娩征兆：乳房水肿 （张扬团队供图）

● 子宫颈和外阴的变化　子宫颈在分娩前1～2天开始肿大、松软，子宫栓软化流入阴道，有时悬垂在阴门外呈半透明索状；阴道壁松软，阴道黏膜潮红，黏液由厚、黏稠逐渐变为稀薄、润滑；分娩前1周左右阴唇柔软、肿胀、增大，阴唇皮肤上的皱襞展平，皮肤稍变红润。

分娩征兆：阴门肿胀
（王煦拍摄）

● **骨盆韧带的变化**　妊娠末期，母牛骨盆韧带变得柔软、松弛，特别是分娩前7～10天开始明显软化，壁部肌肉出现明显的塌陷现象。产前24～48小时，牛尾根两侧凹陷。

● **行为及体温的变化**　临近分娩时，母牛活动困难，起立不安，举尾回顾，常做排泄姿势，食欲减退或停止；临产前4周体温逐渐升高，在分娩前7～8天高达39.0～39.5℃，但至分娩前12～15小时又下降0.4～1.2℃。

二、助产及产后护理

● **助产准备**　助产人员必须经过专业培训，了解胎儿娩出时正确的胎位、胎势、胎向、产道的解剖构造和正确使用助产器械的基本知识及助产的基本方法。助产器具必须用0.1%的新洁尔灭液消毒。

● **产后护理**　产犊后，用1%高锰酸钾溶液冲洗产道及阴户周围，预防感染。饲喂益母草粉，加红糖并用开水冲服，如有出血，可肌内注射止血剂，并进行补液。胎衣滞留时，应按胎衣不下治疗。

发生难产时需要进行助产。根据难产原因确定助产方法，不能随便强拉或打针。胎位不正的要进行调整矫正，产力缺乏的可进行牵拉或注射催产素。必要时检查胎儿，确定胎儿是否成活后，可结合母牛产道和全身情况以及器械设备条件，分别采用阴户切开术、截胎术和剖腹手术进行手术助产。

犊牛胎位和助产方法（一）	犊牛胎位和助产方法（二）
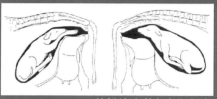	
正常的头位上胎向	单侧前肢剩余头位上胎向：将头部和单侧的前肢推回，将剩余的前肢弯曲使其返回骨盆腔	两前肢弯曲的头位上胎向：将头部推、回拽住前肢使其伸展	后肢在骨盆腔中的纵腹位：前肢保持牵引状态，将后肢推回骨盆腔

犊牛胎位和助产方法（三）	犊牛胎位和助产方法（四）
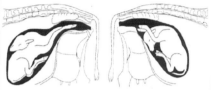	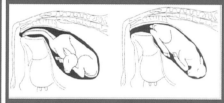
侧头位：将前肢推回，将头部摆正	胸头位下胎向：将头部和肩推回，将头部摆正	左侧头上胎向：将前肢推回，将头部从骨盆腔中搜出	两后肢错位的尾位上胎向：将臀部向前方推回，将两后肢从骨盆腔中拉出

犊牛胎位和助产方法（五）	犊牛胎位和助产方法（六）
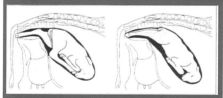	
单侧后肢错位的尾位上胎向：将出来的后肢向前按，将另一后肢拉出	正常的尾位上胎向：在分娩时需要牵引的情况	头位下胎向：拿起前肢转动180°	头和肢弯曲的头位下胎向：将其转动180°，将头部和前肢从骨盆腔中拉出

不同胎位助产方法

3 第三章 饲料与日粮配制

第一节 饲料的分类

根据中国饲料分类法，肉牛常用饲料按原料分类主要有青绿多汁类、青贮类、块根块茎及瓜果类、干草类、农副产品类、谷实类、糠麸类、饼粕类、糟渣类、矿物质饲料、维生素饲料、饲料添加剂等。

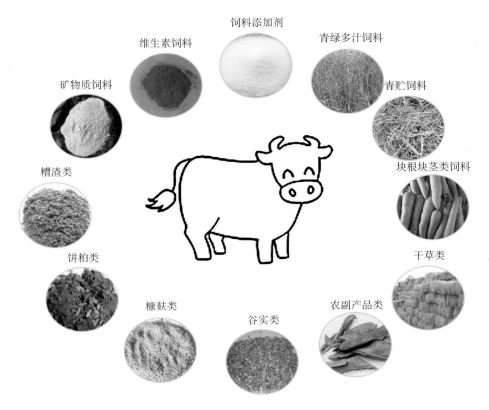

矿物质饲料
维生素饲料
饲料添加剂
青绿多汁饲料
青贮饲料
块根块茎类饲料
糟渣类
饼粕类
糠麸类
谷实类
农副产品类
干草类

一、青绿多汁类饲料

青绿多汁类饲料指天然含水量高（大于或等于45%）的绿色植物饲料。常用的包括：牧草类、叶菜类、非淀粉质块根块茎类、水生植物及树叶类等。其营养特点：含水量高，粗纤维含量低，无氮浸出物高，蛋白质含量高，矿物质元素种类多，维生素丰富，含有大量的未知促生长因子，适口性好。

黑麦草

二、青贮饲料

青贮饲料指将新鲜的青饲料切短装入密封容器内经微生物发酵制成的一类饲料。常用的包括：禾本科类、豆科类、块根块茎类、水生饲料类和树叶类青贮。目前肉牛上用得最多的是全株玉米和玉米秸秆青贮。其营养特点：保留了原料的绝大部分营养价值，柔软多汁，适口性好，消化率高，可调节青饲料供应的季节性不平衡。

全株玉米青贮

甘蔗稍青贮

三、块根块茎饲料

块根块茎饲料指淀粉质块根块茎类，包括甘薯、马铃薯、木薯等。营养特点：干物质中无氮浸出物含量高，蛋白质含量少且多为非蛋白氮，新鲜样含水分65%～80%，干物质少。使用时需进行切碎处理，并控制用量。

四、干草类饲料

干草类指一些人工栽培或野生牧草的脱水风干物，水分含量在15%以下。肉牛常用的主要是羊草、黑麦草、披碱草、老芒麦、苜蓿干草等，营养价值与原料种类、收割阶段、调制方法有关。一般粗纤维含量高（20%～45%），粗蛋白质含量差异较大，矿物质含量丰富。干草饲喂前可进行一定的加工处理，严重变质、发霉，泥沙杂质含量过多的不合格干草不宜饲用。

苜蓿颗粒

羊草

五、农副产品类饲料

农副产品类广义上指农、林、牧、副等行业副产物。肉牛常用的包括一些壳、荚、秸、秧、藤等。营养特点：粗纤维含量高，可消化营养成分含量低，质地较粗硬，适口性差，一般宜加工调制后使用。

油 菜 秆

大 豆 秸

六、谷实类饲料

谷实类主要指禾本科作物的籽实，主要包括玉米、小麦、稻谷、大麦和高粱等。营养特点：无氮浸出物占干物质的70%～80%，主要是淀粉；蛋白质含量低，一般8%～12%，氨基酸组成差；脂肪含量一般在2%～4%；矿物质组成不平衡，钙少磷多。能值高，适口性好，是肉牛最主要的精补料成分。

玉 米

七、糠麸类饲料

糠麸类指谷实加工后形成的一些副产品，包括米糠、麦麸、高粱糠、玉米糠和次粉等。营养特点：与谷实类相比粗纤维含量高，淀粉少，因此能值偏低；蛋白质含量高，但氨基酸不平衡，矿物质中钙少磷多，B族维生素丰富。由于其结构疏松、体积大、容重小，吸水性强，多数对肉牛有一定的轻泄作用，是肉牛的一类常用饲料原料。

米　糠

麦　麸

八、饼粕类饲料

饼粕类指籽实类经加工取油后的副产品，主要包括大豆饼粕、菜籽饼粕、棉籽饼粕等。营养特点：蛋白质含量在20%～50%，无氮浸出物含量30%左右，粗纤维含量因品种、工艺不同变化大，矿物质中钙少磷多，B族维生素丰富，胡萝卜素较缺乏。因加工工艺不同，饼类粗蛋白含量低于粕类，油脂含量高于粕类。多数含有抗营养因子，应注意控制用量。

大　豆　粕

菜　籽　粕

九、糟渣类饲料

糟渣类饲料指食品和发酵工业的一些副产品，主要包括酒糟、糖渣、酱渣、粉渣、豆腐渣等。特点是含水量高，体积大，营养价值受原材料及加工工艺影响大，适口性较好，鲜料不耐贮存，价格低廉。糟渣类的鲜料、贮藏料及干燥品均可作为肉牛的饲料。

酒 糟

木 薯 渣

十、矿物质饲料

矿物质饲料指能够提供肉牛矿物质需要的人工合成的或天然的饲料。一般包括常量矿物元素饲料（食盐、石粉等）、微量矿物元素饲料（硫酸亚铁、硫酸铜、硫酸锰、硫酸锌等）。这类饲料在饲料中的添加量较少，防止过量使用引起的中毒发生。

十一、维生素饲料

维生素饲料指补充肉牛维生素需要的饲料，一般分脂溶性维生素和水溶性维生素，肉牛常用的是脂溶性维生素，如维生素A、维生素D、维生素E。

十二、饲料添加剂

饲料添加剂指在天然饲料的加工、调剂、贮存或饲喂等过程中，额外加入的各种微量物质。包括营养性添加剂（氨基酸添加剂、矿物质添加剂、维生素添加剂、非蛋白氮等）和非营养性添加剂（饲料保藏剂、驱虫保健剂、风味剂、增色剂等）。特点：添加量少，对肉牛有重要作用。

第二节　饲料的加工与贮藏

一、精饲料的加工与贮藏

谷物饲料加工方法包括干处理(粉碎、破碎、碾压等)与湿处理(如蒸汽压片处理)，粉碎的颗粒宜粗不宜细，如玉米的粉碎，颗粒直径以2～4毫米为宜。优质蛋白料采用包被等处理方法可有效降低瘤胃中蛋白质降解，提高蛋白质利用率。

制 粒 机

粉 碎 机

精饲料的贮藏：肉牛饲料的贮存应符合GB/T 16764的要求，饲料堆放整齐，标识鲜明，便于先进先出；饲料库有严格的管理制度，有准确的出入库、用料和库存记录；不合格和变质饲料应做无害化处理，不应存放在饲料贮存场所内；饲料贮存场地不应使用化学灭鼠药和杀虫剂。注意防雨、防潮、防火、防冻、防霉变、防鼠、防虫害等。

规范储藏

不规范储藏

二、干草的加工调制

干草是肉牛饲养必备的饲草料，特别是冬、春草料缺乏季节。制作干草的原料有很多种，包括野草、栽培的饲料牧草、农作物秸秆及藤蔓等，其调制方法简单，成本较低，便于长期大量贮藏。

● 第一步 割草 可人工和机器收割，注意刈割时间和刈割高度。禾本科牧草一般在抽穗期刈割，豆科牧草一般在初花现蕾期刈割，雨天不收割。

● 第二步　晒制　一般采用自然干燥法（也可采用人工干燥法，但成本高），快速干燥。选择晴朗的天气，及时翻晒、堆积，尽量减少养分损失，水分降到18%以下时及时打捆。

● 第三步　储藏　干草类储存时，防止暴晒、雨淋、霉变。室内堆放：堆垛时干草和棚顶应保持一定距离，有利于通风散热。露天堆放：选高而平的干燥处，垛底要高出地面30～50厘米，堆垛时尽量压紧，加大密度，上要封顶，以防止淋雨、漏雨。

三、青贮饲料加工调制

窖贮式青贮

窖贮式青贮是目前主要的青贮方式。

● **第一步　整窖**　事先对旧窖进行修补、整理。清扫和清理杂物、剩余原料和脏土。土窖应铲除表面脏土，拍打平滑，或在窖底、四壁铺衬塑料薄膜，必要时可进行消毒。

● **第二步　收割**　全株玉米青贮一般在玉米乳熟后期收割，玉米秸青贮在玉米收穗后尽快收割，以玉米茎叶仅有下部1～2片叶枯黄为宜。牧草：禾本科在抽穗期，豆科宜在现蕾期至开花初期刈割。收割时最好选择在晴天。

● **第三步　切碎**　按照待贮料的质地特点和含水量的高低，可选择直接切碎或者揉切。玉米和向日葵等粗茎植物切成2厘米左右长。同时，青贮玉米秸要求破节率在75%以上。

● 第四步　装填压实　物料含水率在65%～70%为好，每堆30厘米，用机械或人力压实、压平，或人力踩踏结实，尤其注意四个角落部分。快装满时在窖的四壁铺衬塑料布，塑料布的大小要足以将待贮料包裹起来，或在贮藏前就直接用一张大塑料布铺衬在窖的底部和窖壁。

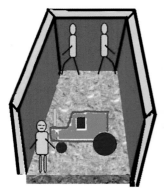 

● 第五步　密封　原料装填完后应及时密封和覆盖，防止漏气、漏水。当原料装到超过窖口60厘米时，即可加盖封顶。用塑料布将原料裹严实，不留缝隙，然后在塑料布上面压一些重物，注意有无严重的塌陷现象。密闭厌氧是保障青贮成功的关键环节。

● **第六步 取用** 在封闭40天左右即可利用，最好现用现取。根据牛群数量确定开口大小而取用，严禁掏洞取料。取后及时封窖口，防止二次发酵。注意：霉烂变质的青贮饲料不能饲喂肉牛，冰冻的青贮饲料应融化后再饲喂肉牛。

霉变青贮料

地面堆垛青贮

地面堆垛青贮应选择地势较高而平坦的地面，地面呈鱼背形，有1%左右的坡度。塑料薄膜应选0.2毫米厚的聚乙烯薄膜，其第一步收割、第二步切碎同窖贮式青贮。

● **第三步 堆垛** 在地面铺上塑料布，塑料布大小足够包裹堆起的原料。将铡好的原料堆在塑料布上。每堆30厘米厚度，必须压实、压平。

● **第四步 密封** 用塑料布将原料裹严实，不留缝隙，然后在塑料布上面压一些重物。

捆 裹 式 青 贮

● 第一步　收割　同窖贮式青贮。

● 第二步　晾晒　割好后，把草一排一排地在地上放好。如果上午割草，应风干2 ～ 3小时，如果是在较晚的时候刈割，应使牧草过夜风干，使含水量为60% ～ 75%。

● 第三步　压捆　用牧草专用打捆机将达到青贮要求的牧草压成圆柱形或方形草块。注意压紧、压实。最好用统一规格的打捆机，保证每捆的大小一致，便于捆裹和堆码。

打　捆

● **第四步 捆裹** 用捆裹机将草块用高拉力塑料薄膜缠裹。根据贮存时间的长短决定包膜层数，贮存期在1年以内可包2层专用膜，贮存期在2年内的要包4层专用膜。

● **第五步 堆放** 注意堆放整齐，防止老鼠等将塑料薄膜损坏。

塑料袋青贮

塑料袋青贮适于原料收获批量不大、但能陆续供应的情况下使用。

● **第一步 塑料袋选用** 选用宽80～100厘米、厚0.8～1毫米的聚乙烯无毒塑料薄膜，用热压法做成长2米左右的袋子，每袋一般可装填原料25～100千克为宜。

● 第二步 切碎 同窖贮式青贮。

● 第三步 装袋 将切碎的原料均匀地装入塑料袋，边装边用人力压结实，注意防止袋胀破。

● 第四步 封口 用塑料绳把袋口扎紧。

青贮饲料的现场评定：包括感官评定和pH测定。

青贮饲料感官评定

质量等级	颜 色	气 味	结 构
优	黄绿或青绿色	芳香酒酸味	湿润、茎叶清晰、松散、柔软、不发黏、易分离
中	黄褐或暗绿色	香味淡有刺鼻酸味	茎叶部分保持原状，柔软水分稍多
劣	褐色或黑褐色	霉烂味或腐败味	腐烂、发黏、结块或呈污泥状

优良青贮
pH为4.0～4.2

青贮的品质鉴定

青贮的取用

四、微贮

微贮主要是针对含水量低的麦秸、稻草、藤蔓以及半黄或黄干玉米秸、高粱秸等不适合青贮、营养成分含量较低的原料，需要加入微贮菌剂促进发酵。

● 第一步　收割　尽量避免在雨天收割，尽量避免堆积发热，保证新鲜。

● **第二步　原料切碎**　切碎长度在3～5厘米为宜。

● **第三步　装填**　装填尽可能在短时间内完成并密封。每填20～30厘米厚时，均匀喷洒菌液，用量为450克/吨。当原料糖分不足时，可适量加入含糖量较高的物质进行调节。为提高微贮饲料质量，还可以在装填时每吨加入1～3千克玉米面或麦麸。

添加玉米面与饲料酶
混合物

● 第四步 补加水分 当原料水分含量较低时，可喷洒一定量的水，注意喷洒要均匀一致，避免出现夹干层或过湿层。贮料总水分含量达到60%～75%时停止加水。

● 第五步 压实 每堆30厘米厚度时压实一次，压得越实越好。小型贮窖可人工踩踏压实，大型贮窖用拖拉机压实。当原料装填到距窖面50厘米左右时，紧贴窖四壁围上一圈塑料薄膜，待密封时使用。当原料高出窖口60厘米左右时停止装填，压实，准备密封。

● 第六步 密封 装填完成后要立即密封。将围在窖四周余下的塑料薄膜铺盖在贮料上，上面再盖一层塑料薄膜，用泥土等重物覆盖薄膜上，边覆盖边拍实。

五、氨化

氨化主要对象是低质秸秆和秕壳类。氨化的主要作用是破坏纤维结构，提高营养价值，提高适口性和消化率，且成本低，操作简单。

● 第一步 氨源的选择 可用作氨化的氨源主要是液氨、尿素、碳铵和氨水。用氨水氨化秸秆，用量可按每100千克秸秆加15千克20%氨水或30千克10%氨水。尿素溶液配制：称取秸秆重量3%～5%的尿素溶于温水中，温水的用量一般为每100千克秸秆加30千克左右。

● **第二步　原料粉碎**　麦秸和稻草切成2～3厘米、玉米秸秆切成1厘米左右的小段。

● **第三步　氨化方法**

➤ **堆垛法**　选择干燥、平坦的地面。按氨化原料的数量确定垛底面积和垛高。场地底面铺一层塑料布做底膜，塑料布周边高出场地20厘米。每立方米可堆贮氨化秸秆150千克左右。按照秸秆量将尿素溶入一定比例水中，制成溶液均匀喷洒在草上，边洒边踏，直至垛顶。用塑料布覆盖，将塑料底膜和盖膜互相重叠卷合至垛底边，并用泥土压实周边，使其密封。

➤ **窖（池）法**　氨化窖（池）一般深、宽、长2米，窖壁底夯实，不漏水、不漏气，氨化窖一次可处理1 000千克左右秸秆。将粉碎后的秸秆装入窖内。边铺匀、边压实，直至高出窖池20～30厘米。氨源使用方法同上。

用塑料布将堆好的秸秆裹严实，不留缝隙，周边覆土、压实、密封。

● 第四步 使用 一般氨化30天即可使用。饲喂氨化料时，由少到多。取出的料，需晾晒片刻，消除氨味后方可饲喂。肉牛饲喂氨化秸秆后半小时或1小时方可饮水。

六、全混合日粮的加工

肉牛的日粮由粗饲料和精补料构成，目前肉牛日粮的先进加工技术是制作TMR，即根据肉牛营养需要，将肉牛全部应采食的粗料、精料、矿物质、维生素和其他添加剂充分混合，配制而成的精、粗比例稳定和营养平衡的全价饲料。使用专门的TMR加工机械，保证混合均匀，并可节约劳动力成本。

精、粗分饲

TMR专用混合机

七、饲料储备量

普通饲养模式下，每头肉牛每年储备饲草料估算量（千克）如下表（若生产高档肉牛，精料量需增加）：

生理阶段	精饲料	干草	青贮玉米	糟渣类	块根块茎
育肥牛	1 500	1 500	1 500	3 000	600
架子牛	1 000	1 500	1 200	2 000	400
育成及青年牛	600	1 200	1 000	—	—
犊牛	200	300	300		

第三节　日粮的配制

一、配制原则

肉牛的营养需要可参考NY/T 815—2004《肉牛饲养标准》。根据NY/T 815—2004《肉牛饲养标准》和《饲料营养价值表》，结合肉牛生理阶段、生产目的以及当地的饲草料资源、产量、价格等因素，按照营养平衡，精、粗比例合理，种类多样化、适口性好、消化率高，保持适当容积和有效营养物质摄入量的原则，配制全价、安全、经济的日粮。日粮中各种营养物质的数量及比例能够满足一定生理阶段预期增重或繁殖的需要量。同时结合肉牛生长发育特点、生产性能、环境温度、运动量等因素，保障营养物质的摄入量，确保肉牛健康生长，增重效果良好，牛肉品质较高。

二、饲料安全

肉牛饲料的安全是保障牛肉品质安全的基础，也是食品安全的重要组成。肉牛饲料药物使用符合农业部颁布的《饲料药物添加剂使用规范》（中华人民共和国农业部公告第168号）、《食品动物禁用的兽药及其他化合物清单》（中华人民共和国农业部公告第193号）及国务院颁布的《饲料及饲料添加剂管理条例》（中华人民共和国国务院令第

609号)。饲料中禁止添加国家明令禁止使用的添加剂、性激素、蛋白同化激素类、精神药品类、抗生素残渣和其他药物,如瘦肉精等。国家允许使用的添加剂和药物要严格按照规定添加。除种公牛采精期可饲喂蛋、犊牛代乳料可用奶制品外,禁止使用动物源性饲料。规范使用饲料原料,定期对原料中有害物质进行检测,确保饲料安全。

三、饲料选购

● 保证饲料来源可靠。选择正规饲料厂家或原料供应商生产或供给的商品饲料或饲料原料,符合国家相应的法规要求。

● 注重饲料的营养成分和饲养效果,原料的选购等级可参照国家饲料原料分级标准。

● 选购单一饲料可以采用营养成本评定法。即根据原料售价和营养成分含量,计算单位养分含量的成本来进行选择。精补料、浓缩料、预混料等商品饲料要注意保质期,性价比高。

● 避免采购霉变、氧化酸败等不合格的饲料。

● 采购原料应注意运输距离、仓储容量和资金周转。

四、肉牛饲料参考配方

犊 牛 饲 料 配 方

● 饲料配制要点 代替母乳,弥补母乳的不足,保障适口性,易消化性,营养均衡,抗病、防腹泻。

● 犊牛代乳料配方 乳清粉20%,全脂奶粉15%,大豆浓缩蛋白18%,熟化玉米28%,葡萄糖4%,油脂7.6%,碳酸钙1.5%,磷酸氢钙1%,预混料4%,小苏打0.4%,食盐0.5%。

● **犊牛断奶料配方** 玉米50%，麦麸15%，豆粕7%，棉籽粕9%，菜籽粕8%，苜蓿颗粒7%，磷酸氢钙0.5%，碳酸钙1%，小苏打0.5%，食盐1%，预混料1%。

育成牛饲料配方

● **饲料配制要点** 促进瘤胃和骨骼发育，保证肉牛健康，保证饲料容积、矿物质和维生素的供给，提供优质的青干草，精补料饲喂量不宜过多。

● **配方组成** 青干草60%，糟渣10.5%，玉米15%，麦麸3%，菜籽粕8%，碳酸钙1%，磷酸氢钙0.5%，食盐0.4%，小苏打0.6%，预混料1%。

架子牛饲料配方

● **饲料配制要点** 要保证日粮养分满足生长发育的需要，为育肥做准备。育肥前期注重能量和蛋白质的供给，育肥后期注重能量供给，确保脂肪的沉积。

● **糟渣型日粮参考配方（适合糟渣类饲料比较丰富的地区）** 白酒糟50%，青草20%，玉米15%，麦麸5%，米糠4%，菜籽粕3%，预混料1%，小苏打1%，食盐0.5%，碳酸钙0.5%。

● **青贮型日粮参考配方（适合青贮类饲料比较丰富的地区）** 青贮玉米50%，糟渣12%，玉米30%，菜籽粕5%，碳酸钙0.7%，小苏打1%，盐0.3%，预混料1%。

母牛饲料配方

日粮配制要点是保持母牛适宜的体况，以便适时发情配种。保证矿物质、维生素的供给。

● **配方组成** 青草60％，干草20％，玉米6％，麦麸4％，菜籽粕5％，棉籽粕3％，碳酸钙0.6％，磷酸氢钙0.4％，小苏打0.3％，食盐0.3％，添加剂0.2％，包被氯化胆碱0.2％。

高档牛肉生产饲料配方

● **目的** 在增重的基础上，有效调控脂肪和色素沉积，提高牛肉品质。如雪花牛肉生产是一项高投入、高产出的生产，对饲料、分阶段饲养管理、牛种和屠宰分割的技术要求比较高。

● **雪花牛肉生产饲料配方组成** 精、粗比为8∶2，玉米28％，大麦38％，麸皮10％，豆粕16％，棉籽粕2％，碳酸钙0.8％，磷酸氢钙1.2％，专用预混料4％，粗饲料为优质稻草。

放牧补饲饲料配方

● **目的** 主要是弥补牧草因季节变化带来的营养不足，促进健康和生长发育，主要是补饲精补料。

● **配方组成** 玉米60%，麦麸11%，米糠8%，菜籽粕12%，棉籽粕5%，预混料4%。

舔块配方

舔块既可用于舍饲，也可用于放牧，目的是补充饲草料营养的不足。舔块要易成形，不散开，不易吸潮。

● **配方组成** 玉米15%，小麦麸7%，糖蜜18%，菜籽粕8%，尿素9%，食盐10%，碳酸钙1%，磷酸氢钙4%，水泥18%，膨润土8%，添加剂2%。

饲料储存及饲喂注意事项

4 第四章 肉牛饲养管理

第一节 母牛的饲养管理

一、妊娠母牛饲养管理

▲**重点** 防流产，保持适宜体况。

● **饲养** 妊娠前期和中期要满足胎儿发育和维持母牛自身健康的矿物元素和维生素需要，以优质干草、青草、青贮饲料和牧草为主要饲料，精料少喂。妊娠后期（27～38周）须补充精料。精料喂量：27～38周龄每日每头饲喂1.5～1.7千克。38周始，每日每头饲喂1.2～1.5千克，每天饲喂3次。

我都怀孕27周了！
需要加强营养了

精料 27～38周1.5～1.7千克

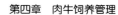

精料　38周始每日1.2 ~ 1.5
千克，每天3次

妊娠后期要注意防止母牛过肥，保持中等膘情即可，尤其是头胎青年母牛，更应防止过度饲喂，以免发生难产。妊娠期间应限喂棉籽饼和菜籽饼，不要大量采食幼嫩豆科牧草，不采食霉变饲料，不饮带冰碴的水。

● **管理**　将妊娠后期的母牛单独组群，防止母牛之间互相挤撞，不要鞭打驱赶，不要使役，雨天不要放牧或运动。舍饲妊娠母牛应每日运动2小时左右。

每天锻炼2小时利己又利下一代

怀孕了，我们要住单人间

　　吃饱喝足少运动，下雪下雨不驱赶。身怀六甲不使役，善待母牛莫体罚。

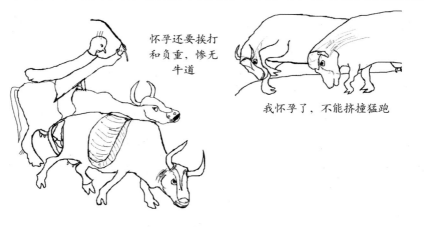

怀孕还要挨打和负重，惨无牛道

我怀孕了，不能挤撞猛跑

二、围产期母牛饲养管理

　　▲ **重点**　预防流产、产后乳房炎、胎衣不下和产后瘫痪，促进母牛体况恢复，减少产后掉膘。

围产前期（产前半个月至分娩）

　　● **饲养**　精料一般占日粮30%，粗料中有2～3千克禾本科干草。产前7天，精料中食盐用量降低至0.5%以下，严禁饲喂小苏打等缓冲剂。产前2～3天加大精料中麸皮用量至30%～50%。母牛分娩前1～2天食欲低下，可将精料调制成糊状饲喂。

● **管理** 产栏地面要尽量粗糙，做好清洗消毒，铺上干净垫料待用。母牛于分娩前2周入产房，每头牛一个产栏，自由活动。母牛分娩时，应尽量采取左侧卧位，用0.1%高锰酸钾清洗外阴部，各种接产用具及消毒药品准备齐全，以备异常进行助产。母牛分娩后应尽早使其站起。

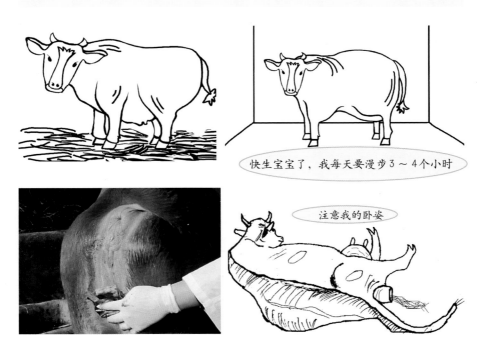

围产后期（产后半个月）

● **饲养**　分娩后立即给母牛喂温热足量的麸皮盐汤，推荐配方为：麸皮1.5千克、盐0.1千克，若条件许可，另加红糖0.5千克效果更好，温水15～20升。

产后6天细调理，麸皮盐汤效昭然。麸皮三斤盐二两，红糖一斤力更雄

我乳房水肿严重，还是喝小米粥吧

也可以给牛饲喂小米粥，熬制方法：小米0.8千克，水15～20升，煮成粥加红糖0.5千克，晾至40℃左右饮用。

围产后期每天自由采食优质干草（最好是苜蓿），同时补喂一些易消化的精料。产后第4天逐渐增加精料的喂量，每天增加0.5千克，产

我的要求并不高，一天3千克优质牧草

后10天精料达到3～4千克，同时增加青贮饲料喂量，饲喂青贮要添加小苏打。

● 管理　产后4～8小时胎衣排出，排出后要将外阴部清洗干净，并用来苏儿消毒。母牛产后每天或隔天用1%～2%来苏儿洗刷臀部、外阴部、尾根，并观察子宫排出物的气味与物理状态，有异常及时处理。胎衣排出后要及时收走，严防被母牛吃掉。

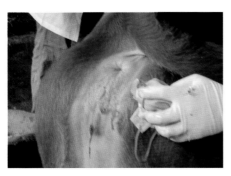

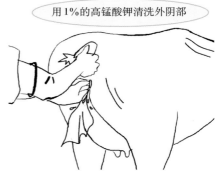

用1%的高锰酸钾清洗外阴部

母牛产后7天内尽量饮用37℃的温水。随时观察粪便，若发现粪便稀薄、颜色发灰、恶臭等不正常现象，则应减少或停喂精料。

三、哺乳母牛饲养管理

▲重点　多产奶，早断奶，及早发情。

舍 饲 哺 乳 母 牛

● 饲养　以日喂3次为宜。头胎母牛日粮中蛋白质含量不宜超过15%。产犊后21天至3个月母牛食欲逐步恢复正常并达到最大采食量，应逐步增大精料用量。

产乳初期，粗茶淡饭，但一日三餐不能少

我产奶21天了，逐渐加料，否则拒绝产奶

● **管理** 产后15～20天，若母牛恢复良好，一切正常，可回原群饲养。舍饲哺乳母牛宜根据牛场的饲料资源和管理水平在产后3月左右进行断奶。

放牧哺乳母牛

● **饲养** 放牧哺乳母牛产后需额外补盐。补盐方法：可混合在母牛的精补料中，待牧归后补饲，也可在母牛饮水处设置盐槽或盐砖，供其自由舔食。

盐砖

盐槽

春季放牧可能出现牧草生长量不足，此时需要补饲青干草或精补料。夏、秋季放牧可不补饲，或仅补矿物质。

夏季放牧何需补饲料矿物质即可

春天返青，草不够吃老牛伏枥，只为果腹

● **管理**　有条件的地方，哺乳母牛以放牧为主。在放牧季节到来前，要检修棚圈和网围栏，确保放牧区域有水源。

舍饲牛群转变到放牧要循序渐进，从每天放牧2小时逐渐增加到每天放牧10～12小时。夏、秋季过渡期7天，春季10天。过渡期内每天补饲粗饲料2千克。若牧草充裕，过渡期后放牧不需补饲，可适量补充矿物质。冬季牧草缺乏且营养价值低，最好采用放牧加补饲或舍饲。

春季放牧时应注意不在牧场施用过多钾肥和氨肥，而应增施硫酸镁，尤其是在易发草痉挛的地方。

不要在有露水的草场上放牧，也不要让牛采食大量易产气的幼嫩豆科牧草。

太阳出，露水消，此时出牧不胀气

我要经得起紫花苜蓿的诱惑

第二节 犊牛的饲养管理

一、新生犊牛的饲养管理

▲ **重点** 稳步度过新生期，提高免疫力，减少发病。

● **饲养** 生后尽快吃初乳。若母乳不足或产后母牛死亡，可用同期分娩的其他健康母牛代哺初乳或饲喂保存的初乳。

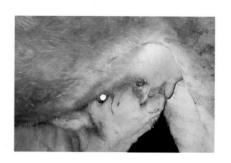

● **管理** 产后应让母牛尽快舔干犊牛，若母牛虚弱，可人工辅助擦干犊牛身上的黏液。如遇假死，可倒提牛犊，拍打其胸部。

犊牛生后0.5～1小时内可自然站立，此时要引导犊牛接近母牛乳房自行吮吸母乳。若母牛奶水不足或没有奶水，则需人工辅助哺乳。人工哺乳最好使用小奶壶饲喂，缺少奶壶时，也可用小奶桶哺喂。犊牛吃完奶后可用消毒的毛巾擦嘴。

二、哺乳期犊牛的饲养管理

▲ **重点** 预防腹泻，促进瘤胃发育。

● **饲养** 分哺乳、饮水和补饲抗生素三个方面。

➢ **哺乳** 自然哺乳。若母乳不足，可选用健康、产奶量中下等的产奶牛做保姆牛。根据保姆牛的产奶量，几头犊牛可共用一头保姆牛，每日定时哺乳3次。对找不到合适的保姆牛或奶牛场淘汰的犊牛，可人工哺喂常乳。哺乳时，需将牛乳消毒后冷却至38～40℃时哺喂，5周龄内日喂3次，6周龄以后日喂2次。

没妈的孩子吃奶先消毒。喝温奶，健肠胃

➢ **饮水** 需训练犊牛尽早饮水，最初应饮36～37℃的温开水；10～15日龄后可改饮常温水；1月龄后可在水槽内备足清水，任其自由饮用。

● **管理** 重点为补料、去角、防寒、母子分栏。

➢ **喂料** 从犊牛7～10日龄开始，可在母牛栏的旁边设犊牛补饲栏，使母牛与犊牛隔开。犊牛栏内要设置草架、饲槽及饮水器。在草架上放置优质干草，训练其采食咀嚼。7日龄后可开始训练犊牛采食精料。

初喂精料时，可在犊牛喂完奶后，将犊牛料涂在犊牛嘴唇上诱其舔食，犊牛能自行采食后，在犊牛栏内放置饲料盘，放置犊牛料任其自由舔食。初期料不应放多，每天更换，以保持饲料及料盘的新鲜和清洁。最初每头日喂10～20克，以后逐步增加。精料饲喂时以湿拌料为佳。

牛舍需定温，照料需定人。草料定质又定量，喂料要定时。

牛舍勤打扫，垫草要勤换。犊牛状况勤观察，圈舍勤消毒。

每天检查和更换饲料

五定四勤人操劳

➤ **去角** 生后10天可去角，去角可采用化学法，方法是把犊牛固定好，剪掉角周围毛，抹上些凡士林，取棒状氢氧化钠，用水蘸湿，在长出的角基部摩擦，直到皮肤出血为止。去角处理后不能让犊牛马上吃奶，以免腐蚀母牛乳房。

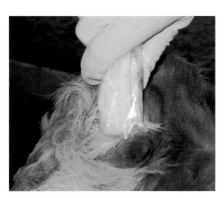

剪尽角周毛，涂抹凡士林，手持棒状氢氧化钠，蘸湿擦新角。一见皮出血，摩擦即为止，待到十日角基落，从此不长角

去角的另一种方法是将电烙器加热到一定温度后，牢牢地压在角基部直到其下部组织烧灼成白色为止（不宜太久太深，以防烧伤下层组织），再涂以青霉素软膏或硼酸粉。

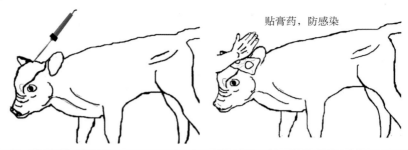

贴膏药，防感染

➤ **防寒**　在我国北方，冬季严寒风大，要注意犊牛舍的保暖，防止贼风侵入。在犊牛栏内要铺柔软、干净的垫草，保持舍温在0℃以上。同时要加强通风，避免舍内空气污浊。

我家大门常关闭，窗户卷帘落下

舍内保暖又通风，我会爱上这里

➤ **母仔分栏**　在小规模拴系式饲养的牛场，可在母牛舍内设产房和犊牛栏，在规模大的牛场，单独设置产房、犊牛栏和犊牛舍。犊牛栏分单栏和群栏两类，犊牛出生后在单栏中饲养，1月龄后过渡到群栏。同一群栏犊牛的月龄应一致或相近，以便饲养管理。

➤**其他管理规程**　每日必须刷拭犊牛一次，从8日龄起即可在犊牛舍外的运动场做短时间的运动。

三、断奶至6月龄犊牛的饲养管理

▲**重点**　稳步度过断奶关。

● **饲养**　犊牛每天精料采食量达到0.5千克即可断奶，断奶后逐步增加精料喂量。精料中的谷物可以玉米为主，燕麦、麸皮等也是很好的饲料原料。

● **管理**　哺乳期长短因目的而异，后备种牛可6月龄断奶，非放牧牛以2～4月龄断奶为宜。犊牛断奶后要分群，后备犊牛应按性别分群，以防早配。育肥公犊如果用于生产高档牛肉，应尽早去势。普通育肥不需去势。

今日已断奶，从此要自立

怀念妈妈的奶

第三节 种用育成牛饲养管理

▲ **重点** 按时达到配种标准，预防过肥。

一、母牛

● **饲养** 6～12月龄以优质的干草和青饲料为主，占日粮的70%～80%，注意高水分青绿饲料喂量不宜过大；精料占日粮的20%～30%。12～18月龄，新鲜牧草、青贮和干草均可选用。新鲜牧草多时可不补饲或仅补矿物质，不足时需补饲精料，精补料占日粮的20%～25%。青贮饲料喂量要适当控制。母牛在生长发育良好的情况下，14～18月龄可以配种。

● **管理** 可以拴系饲养，也可围栏圈养。每天刷拭牛体1～2次，每次5分钟。拴系饲养时要每天定时运动。定期检测体尺、体重指标，根据体况评分及时调整日粮组成，使母牛在14～18月龄前达到适配体重。

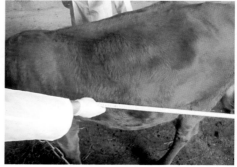

二、公牛

● **饲养**　6～12月龄粗饲料以青草为主时，精料占日粮的30%～40%；以干草为主时，精补料占日粮40%～50%。在饲喂豆科或禾本科优质牧草的情况下，对于周岁以上的育成公牛，混合精补料中粗蛋白质的含量以12%左右为宜。

● **管理**　公牛可从6月龄开始带笼头拴系饲养。10月龄进行穿鼻带环，用皮带拴系好，沿公牛额部固定在角基部，鼻环以不锈钢材质最好。公牛上、下午各进行一次运动，每次1.5～2小时，行走距离4千米左右。每天刷拭牛体2次，每次刷拭10分钟左右，既有利于牛体卫生，又有利于人牛亲和，且能达到调教驯服的目的。公牛在生长发育良好的情况下18月龄可配种，适宜采精为24月龄左右。初始采精时每周只能采一次。

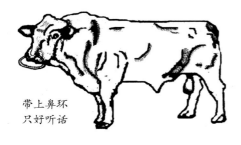

带上鼻环
只好听话

刷得舒服，我爱你。由衷地听话

第四节　种公牛饲养管理

▲ **重点**　保证旺盛的性欲和良好的精液品质。

● **饲养**　日粮应由精料、优质青干草和少量的块根类饲料组成。按100千克体重计算，每天喂给1～1.5千克青干草或3～4千克青草，1～1.5千克块根饲料，0.8～1千克青贮料，0.5～0.7千克精料。另外，

注意微量元素和维生素的供给。日粮分3次饲喂，定时定量。尽量自由饮水。饲料应易于消化，容积不能过大。

● **管理**　公牛性情暴烈，在种公牛的管理中，要胆大心细，事事留心，防止意外事故的发生。公牛舍应远离母牛舍，单槽饲喂。牵引时，应左右侧双绳牵导。对烈性公牛，需用钩棒牵引，由一个人牵住缰绳的同时，另一人两手握住钩棒，钩搭在鼻环上以控制其行动。

每隔2月称重一次，根据体重调节饲料喂量，以免过瘦或过肥。拴系饲养时每天应运动2～3小时，运动形式有直线往复运动、转盘式运动、驱赶运动和简单的使役。

　　每天定时给种公牛刷拭身体和按摩睾丸，冷天干刷，夏季淋浴。经常冲洗蹄部，尤其是蹄叉。每年春、秋季各削蹄1次。

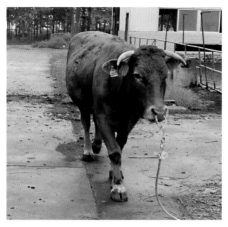

第五节　肉牛育肥期的饲养管理

▲**重点**　少消耗，多长肉，快出栏。

适合肉牛标准化规模养殖的育肥方式主要有以下几种。

一、犊牛育肥

奶公犊育肥，生产"小白牛肉"

　　犊牛出生后以全乳或代乳品为主要饲料，5～8月龄内屠宰，生产出肉质鲜嫩、多汁的高档犊牛肉。在缺铁条件下不使用任何其他饲草或饲料生产的牛肉称为"小白牛肉"；适当补饲，同时不限制铁的采食而生产的牛肉称为"小牛肉"。

　　● **饲养**　要吃足初乳，最初几天还要在每千克全乳或代乳品中添加40毫克抗生素和维生素A、维生素D、维生素E。小白牛肉生产时犊牛只能以全乳或代乳品为饲料，并与地面隔离。以代乳品为饲料的饲喂计划见下表。1～2周代乳品温度为38℃左右，以后为30～35℃。

周龄	代乳品（千克）	水（千克）
1	0.3	3
2 ~ 7	0.6	6
8 ~ 11	1.8	12
12至出栏	3.0	16

　　以全乳为饲料时，要加喂油脂。饲喂初期应用奶嘴，日喂2 ~ 3次，日喂量最初3 ~ 4千克，以后逐渐增加到6 ~ 8千克，4周龄后可自由采食，使用奶桶饲喂。

　　● **管理**　通常选择初生重不低于35千克、健康状况良好的奶公牛犊。体形上要求头方大、前管围粗壮、蹄大。小白牛肉生产时要严格控制饲料和水中铁的含量，控制牛与泥土、草料的接触。牛栏地板采用漏粪地板，如果是水泥地面应加垫料，垫料要用锯末，不要用秸秆、稻草等，以防牛采食。饮水充足，定时定量，犊牛应单独饲养。经常检查体温和采食量，必要时抽血检测血红蛋白含量。

二、犊牛持续育肥

　　● **饲养**　3 ~ 4月龄断奶后分两阶段进行育肥。第一阶段喂给含粗蛋白质15% ~ 17%的精料，精料喂量占体重1%，粗料自由采食，使犊牛在6月龄时体重达180千克以上。第二阶段从7月龄开始，精料粗蛋白质降到12% ~ 15%，精料喂量占体重1% ~ 1.5%，粗料自由采食，使牛在12 ~ 14月龄达400千克以上的出栏体重。

● **管理** 持续育肥的犊牛散栏或拴系饲养均可，拴系要采用短缰拴系，缰绳长0.5米左右。

按年龄和体况进行分群，尽量使同一群牛的年龄和体况保持一致。

同一阶段日粮要保持稳定，进入下一阶段换料时要有7～10天过渡期。

有条件的可采用全混合日粮饲喂。饲喂要遵循定时定量原则，每日饲喂2～3次。喂料后最好1小时左右再饮水，每日饮水2～3次或自由饮水。

三、架子牛育肥

架子牛育肥是选用骨架已长成的肉牛进行短期育肥。

● 饲养 饲喂要定时定量，少给勤添，多吃少动，尽量采用全混合日粮。快速育肥分三期，需90～180天。最初15天为适应期，多给水，多给草，少给精料。中期为增肉期，每100千克体重饲喂精料1千克。后期为催肥期，每100千克体重饲喂精料1～1.2千克，多喂能量饲料，少喂蛋白饲料。

全混合日粮饲喂

架子牛育肥粗饲料以青、粗饲料或酒糟、甜菜渣等加工副产物为主。精、粗饲料比例按干物质计算为1 :（1.2～1.5），日粮干物质采食量为体重的2.5%～3%。

● 管理 根据圈舍条件，主要有拴系饲养、颈枷饲养、散栏饲养三种。一般采取颈枷或拴系饲养，以减少其活动量，提高育肥效果。拴系饲养的缰绳长度以牛能卧下为度。

拴系饲养

颈枷饲养

散栏饲养

架子牛应从非疫区选购，所有牛必须有检疫合格证，对检疫不合格和患寄生虫病的架子牛不得购入。

远距离购进的肉牛要注意牛的运输应激综合征，预防方法是：运输前2天，口服维生素A或肌内注射维生素A 25万～100万国际单位。装运牛的密度不能过大。夏季注意遮阳防暑，冬季注意遮风防寒。

运 牛 车

装入运输工具后出发前给每头牛注射科特壮，运输过程中注意补充饮水。到达目的地后要控制采食和饮水。到达目的地后3～4小时再饮水，首次饮水量不超过10千克。水中可添加100克人工补液盐（氯化钠3.5克，硫化钾3.5克，碳酸氢钠2.5克，葡萄糖20克，加水至1 000毫升溶解）。12小时后可进行第二次饮水，这时可自由饮水，加入0.5千克麸皮更好。开始仅饲喂优质干草或秸秆，不要饲喂苜蓿草、青贮苜蓿和精料。观察牛反刍正常后方可饲喂精料，精料初期喂量为每头每天1～2千克，以后逐天增加，7天后恢复正常采食。

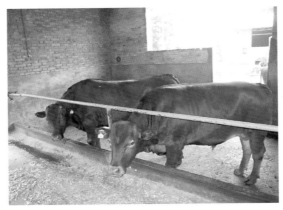

饲喂优质干草

隔离观察

新购入的牛应隔离观察10 ~ 15天，观察有无病牛，发现疾病及时治疗，对于没有治疗价值的牛直接淘汰。期间注射口蹄疫、布鲁氏菌病、魏氏梭菌病疫苗。用丙硫苯咪唑、左旋咪唑等进行驱虫。驱虫应在空腹时进行。驱虫后其粪便要进行消毒和无害化处理。

经过隔离观察无病的牛方可入栏，入栏后口服健胃散进行健胃。

架子牛管理要做好"六定"：定槽饲喂、定时喂料、定量喂料、定人饲养、定时刷拭、定时消毒。一般每天刷拭牛体1 ~ 2次，也可采用自动按摩器；每个月对牛舍内外进行1次消毒。

育肥期间饮水要
供应充足，水质良好，
喂后饮水或自由饮水。

充足饮水

四、高档牛肉生产

高档牛肉生产场

● 饲养　高档牛肉生产分三
阶段实施：以增加体重为目标的培
育期（12月龄前），以体重和脂肪
沉积同时增加为目标的快速生长期
（12～24月龄），以脂肪沉积为目
标的肉质修饰期（24～30月龄）。
应根据三期的任务目标不同而设
计不同的日粮配方。

　　培育期采用较高蛋白质含量
的全混合日粮饲养，自由采食，
自由饮水。快速生长期适当降低
日粮蛋白质含量，逐步提高精料
喂量，减少粗饲料喂量。肉质修
饰期要控制玉米喂量，改喂大
麦、燕麦等能量饲料，大幅提高
精料喂量，控制使用青绿饲料、
青贮饲料和牧草。

提高精料饲喂量

全混合日粮饲喂

按照饲料配方调制日粮，将精饲料、粗饲料、青贮（青）饲料、添加剂、微量料等充分搅拌均匀，最好用全混合日粮。少喂勤添，食槽有料，不喂隔日料。尽量自由饮水。

● **管理** 生产高档牛肉宜选择中、大型肉牛品种，如安格斯、日本和牛以及我国特有的地方品种如鲁西牛、秦川牛、南阳牛、延边牛等。消费者对鲁西牛、秦川牛、南阳牛三个地方品种的牛肉品质评价较好。

牛舍保持安静、干燥、清洁卫生。冬季防冻，夏季防暑。牛舍地面（牛床）铺垫垫草，防滑防四肢病。严格参照架子牛育肥，做好"六定"工作。公牛应在6月龄以前去势。

牛舍干燥、清洁卫生

● **高档牛肉的分级标准**

➤ 日本标准　三大级，15小级，A5级最好。

➤ 美国和欧盟标准　7级。

➤ 中国标准　依据大理石花纹分为6级。

我国当前屠宰行业和消费市场主要参照日本标准和中国标准。

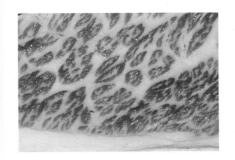

第六节　肉牛季节性饲养管理通则

● **饲养**　冬季要提高能量饲料用量，玉米用量可提高10%～20%。青绿饲料缺乏时要增加日粮中矿物质和维生素A、维生素D和维生素E添加量。若精料缺乏，应提供糖蜜—尿素舔砖，但6月龄前的牛犊严禁采食糖蜜—尿素舔砖。对流质饲料要加温后饲喂，尽量避免饲喂带冰的饲料和饮冰冷的水。

夏季要提高日粮的营养水平，并尽量饲喂优质粗料，补饲钾和镁，使钾和镁的含量分别达到1.2%、0.35%以上。

● **管理**　冬季当牛舍温度低于5℃时，要注意防风保暖，同时注意通风换气。

夏季气温30℃以上时，要采取喷淋、通风等防暑降温措施，并增加饲喂次数，延长饲喂时间；避开高温期间饲喂，早、晚多喂，午间少喂。青贮料要现喂现取，保证新鲜和充足的饮水。

第七节　肉牛体况评分

肉牛的体况评分是一种评价牛体脂肪沉积量的特殊方法。体况评分观察的关键部位为：牛的腰至尾根的背线部分，包括腰角、臀角和尾根，通过按压腰椎部的肌肉丰满程度和脂肪覆盖程度进行评分。种公牛或种母牛应控制体况适中，以6～7分为宜，而对于育肥牛，则得分越高越好。

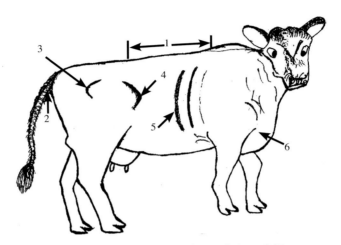

1.背部　2.尾根　3.臀角　4.腰角　5.肋骨　6.胸部

肉牛体况评分（9分制，*Modified from Pruitt*，1994.）

参考指标	体　况　评　分								
	1	2	3	4	5	6	7	8	9
身体虚弱	是	否	否	否	否	否	否	否	否
肌肉萎缩	是	是	轻微	否	否	否	否	否	否
脊柱可见轮廓	是	是	是	轻微	否	否	否	否	否
轮廓肋骨可见	全部	全部	全部	3～5	1～2	0	0	0	0
臀部的轮廓&臀角骨可见	是	是	是	是	是	是	轻微	否	否
胸部和两翼的脂肪覆盖	否	否	否	否	否	一些	全部	全部	极端的
乳房和尾根脂肪附着	否	否	否	否	否	否	轻微	是	极端的

● 体况评分1分：消瘦

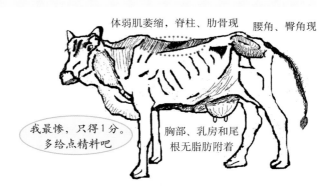

体弱肌萎缩，脊柱、肋骨现　腰角、臀角现

我最惨，只得1分。
多给点精料吧

胸部、乳房和尾
根无脂肪附着

● 体况评分2分：极薄

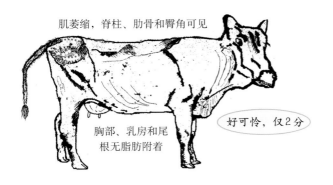

肌萎缩，脊柱、肋骨和臀角可见

好可怜，仅2分

胸部、乳房和尾
根无脂肪附着

● 体况评分3分：薄

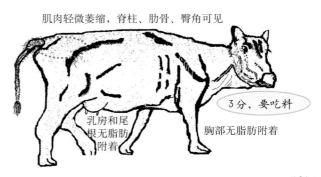

肌肉轻微萎缩，脊柱、肋骨、臀角可见

3分，要吃料

乳房和尾
根无脂肪
附着

胸部无脂肪附着

● 体况评分4分：边缘

脊柱轻微可见，臀角可见

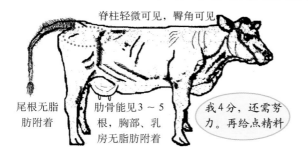

尾根无脂肪附着

肋骨能见3～5根，胸部、乳房无脂肪附着

我4分，还需努力。再给点精料

● 体况评分5分

脊柱不可见，肋骨见1～2根

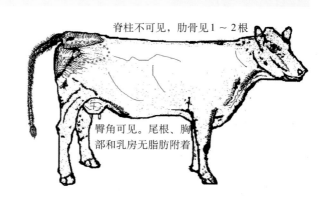

臀角可见。尾根、胸部和乳房无脂肪附着

● 体况评分6分

脊柱、肋骨不见。臀角可见

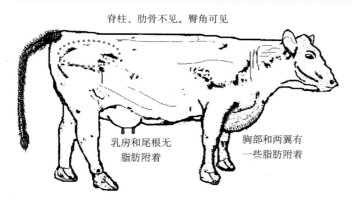

乳房和尾根无脂肪附着

胸部和两翼有一些脂肪附着

● 体况评分 7 分

脊柱、肋骨均不
见，臀角略现。
胸部两翼脂肪满

乳房、尾根有
轻微脂肪附着

● 体况评分 8 分

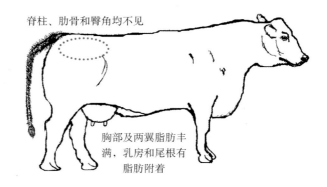

脊柱、肋骨和臀角均不见

胸部及两翼脂肪丰
满，乳房和尾根有
脂肪附着

● 体况评分 9 分

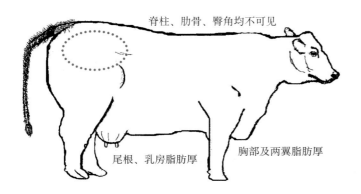

脊柱、肋骨、臀角均不可见

尾根、乳房脂肪厚

胸部及两翼脂肪厚

肉牛直线育肥技术

5 第五章 养殖场环境卫生与防疫

第一节 环境卫生要求

在设计肉牛场时，应特别注意通风设计、采光设计以及排污系统设计，符合《畜禽场环境质量标准》（NY/T 388），同时提高牛只福利，兼顾牛场防疫消毒需要。

● **消毒设施** 牛场所有入口处设消毒池，对所有入场车辆进行消毒，池子尺寸根据车轮间距以及道路宽度确定。小型消毒池一般长3.8米、宽3米、深0.1米；大型消毒池一般长7米、宽6米、深0.3米。池底设计应呈坡面。牛场生产区入口应设人员消毒通道或消毒更衣室。

车轮经过消毒池

过后可防病菌入

消毒池

人员进出生产区

更衣消毒保平安

消毒更衣室

● 牛场防疫　定期对牛舍内外及舍内设备、设施进行消毒，多采用喷洒消毒液的方式。

● 工作人员防疫　牛场工作人员应定期进行体检，工作时应换上洁净的工作服，工作服勤清洗、消毒。

喷雾消毒

● 牛只防疫　定期对牛场内牛只进行疫病检测和寄生虫检查，在夏季蚊虫盛行时期特别要注意灭蚊虫工作。

● 防疫警示标志　在重要出入口树立醒目的提示标志或禁止标志，协助防疫制度的执行。

● 防疫规程

本规程适用于中小型（30头以上）肉牛养殖户和规模化肉牛场的疾病防疫工作。

➤规模化肉牛场防疫体系的建立，应依据《中华人民共和国动物防疫法》等法律法规的要求，结合肉牛生产的规律，全面系统地对牛群实行保健和疫病管理。这一体系主要包括隔离、消毒、驱虫灭鼠、免疫接种、药物预防、诊断检疫、疾病治疗和疫情扑灭等。

➤坚持"预防为主，防重于治"的原则，提高牛群整体健康水平，防止外来疫病传入牛群，控制、净化消灭牛群中已有的疫病。

➤规模化肉牛场的防疫采用综合防治措施，消灭传染源，切断传播途径，提高牛群抗病力，降低传染病的危害。

➤建立健全兽医卫生防疫制度，依据肉牛不同生产阶段的特点，制订兽医保健防疫计划。

➤实行"全进全出"的肉牛育肥制度，使牛舍彻底空栏、清洗、消毒，确保生产的计划性和连续性。

➤当发现新的传染病以及口蹄疫、炭疽等急性传染病时，应立即对该牛群进行封锁，或将其扑杀、焚烧和深埋，对全场栏舍实施强化消毒，对假定健康牛进行紧急免疫接种，禁止牛群调动并将疫情及时上报行政主管部门。

第二节　环境控制措施

● **降温措施**　在夏季可采用凉棚或加设遮阳网防暑降温。如果气候炎热，常用的降温措施是安装风机或冷风机。牛场内还应该加强绿化，以降温防暑。

风　机

凉　棚

● **保温措施** 冬季对于半开放、开放式牛舍可用塑料薄膜部分封闭来保温，也可以适当缩小通气缝，寒冷地区宜采用有窗式牛舍。此外，地面铺设垫料可加强地面保温性能、吸潮、降低空气湿度。犊牛较之成年牛更怕冷，可以考虑设备供暖，提高犊牛成活率。

牛舍改造

铺设垫料

红外灯

● **通风与采光** 肉牛舍通风主要利用门窗、通风屋脊、钟楼等进行自然通风。夏季气温较高的地区采用风机加强通风。肉牛舍采光主要利用窗、屋顶采光带等透光构件进行采光，光照不足或需要夜间操作可安装日光灯或荧光灯。

通风屋脊

钟楼通风屋脊

滑　拉　窗

屋面采光带

第三节　肉牛场粪污处理与利用

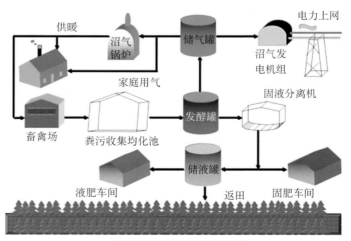

农牧良性循环与经济循环

牛舍内的粪便、污水要及时清理并运送到贮存或处理场所。粪便收集过程应进行固液分离、雨污分流，同时防止污染物的扩散、损失和向地下水渗透。肉牛场的粪污处理应尽量做到减量化、无害化和资源化，采用农牧良性循环的生态化处理是解决环境污染的重要措施，也是可持续发展的模式。粪污也可以采用制沼气，沼气发电或做燃料进行经济循环模式加以利用，但是一定要做到经济可行和取得经济效益。

一、清粪方式

根据饲养管理方式可分为人工清粪、机械清粪和水冲清粪。
- 人工清粪
- 机械清粪
- 水冲清粪

铲车清粪

人工清粪死角少
机械除粪效率高

二、固体粪便的处理方式

● 腐熟堆肥处理

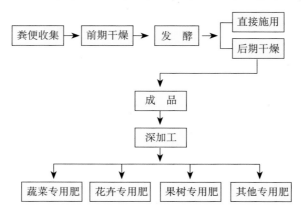

固体粪便加工有机肥工艺

发　酵　塔

大棚池式发酵

条垛发酵翻抛机

有机肥制粒机

有机肥制块机

化肥与牛粪制块

● **沼气发酵**

沼气发酵罐

储气罐

● **其他**　牛粪可用作蚯蚓养殖、蘑菇种植的原料，经干燥处理制成垫料，或通过水生植物处理利用，用于养鱼。

三、污水的处理方式

粪水（多由漏缝地板水冲、水泡粪工艺产生）经储存发酵后可以直接还田利用。

粪水池

● **固液分离** 液粪主要是牛场的粪尿及管理用水形成。固液分离常作为污水处理的第一步，以减少污水中固形物含量。人工清粪方式的牛舍通过设置排尿沟接收畜舍地面流来的粪尿及污水，完成第一步的固液分离；污水经地下排水管排入污水池，必要时经固液分离机再次进行固液分离。水冲清粪方式的粪水可采用固液分离机进行固液分离，效率较高。

粪 尿 沟

挤压式固液分离机

● **污水厌氧处理** 即通过厌氧发酵产生沼气。

● **污水好氧处理** 利用好氧微生物分解有机物，最终形成简单无机物，该方法主要有活性污泥法和生物滤池、生物转盘、生物接触氧化等。

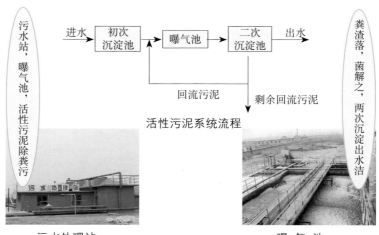

活性污泥系统流程

污水处理站   曝 气 池

四、粪污的利用

　　固体有机肥用于作物、花卉、蔬菜、烟草等种植业。液肥或粪水发酵肥料直接灌溉。

田里粪多庄稼茂
园中地薄花不红

牛粪的有机肥块种玉米

化作春泥更护花
粪污亦是有情物

花　卉

烟　草

施肥机具

第一节 牛场消毒

一、人员消毒

工作人员进入生产区前需换工作服和鞋具，在消毒室经紫外线消毒和洗手后，方可经过地面消毒池或消毒通道进入生产区。洗手应用 0.2%～0.3% 过氧乙酸药液或其他有效药液，每天更换一次。

更衣室

洗手盆

人员消毒通道

二、生产用具消毒

定期对生产区内的饲喂用具、料槽和饲料运输车进行消毒，可采用0.3%过氧乙酸或0.1%的新洁尔灭溶液进行喷雾或浸泡消毒。

移动式喷雾消毒机

自动喷雾消毒机

三、饮水消毒

养殖场采用浅层井水、河水及池塘水作为肉牛饮用水时，须用漂白粉进行饮水消毒。按照1 000升水中加入8克漂白粉，较脏的池塘水可加大量至12 ～ 18克，等待12小时后再饮用。弱毒疫苗接种前后2 ～ 7天内应停止饮水消毒。

漂白粉

浅层井水、河水：1 000升水中加入8克漂白粉

池塘水：1 000升水中加入12 ～ 18克漂白粉

静置12小时后使用

四、粪污发酵消毒

牛粪堆积发酵处理又称生物热消毒。将牛粪集中一起，将水分和粪渣分离后，粪渣堆积密闭发酵30天，即可作为有机肥使用；尿液和

粪液可进入沼气池发酵产气，用做燃料。堆积发酵可分为圈内堆积法（包括深坑式、粪池式、半坑式等）和圈外堆积法：定期将圈内粪便等废弃物移出，堆积到一个平坦、干燥的地方堆制。

五、无害化处理

指对病畜整个尸体、污染物以及患畜病变部分或内脏进行适当处理，防止污染环境和传播病原。常用方法有：

● 深埋 选择离牛场100米之外的无人区，在土质干燥、地势高、地下水位低的地方挖坑，坑的深度应保证被掩埋物的上层距地表1.5米以上。

掩埋前，对被埋物实施焚烧处理。掩埋坑底铺2厘米厚生石灰；焚烧后的被埋物表面以及掩埋后的地表环境要进行消毒，掩埋地点顶部较周围高出20～30厘米。填土不要太实。掩埋后应设立明显标记。

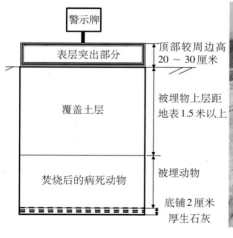

● 焚化 疫区附近有大型焚尸炉的，可采用焚化的方式。

● **堆积发酵** 被重大疫病如口蹄疫污染的粪便应运至指定地点集中发酵。先在地面铺上2厘米厚的生石灰，再堆放欲消毒的粪便，高度1米以上，大小随粪便量而定，表层覆盖10厘米厚的沙土，发酵时间3个月以上。

焚尸炉

六、常用免疫程序

疫苗免疫接种时间、次数和剂量应按照生产厂家的产品说明书实施。接种疫苗种类应根据当地和肉牛场疫病流行的情况决定，以下免疫程序可供参考。

牛主要传染病常用免疫程序

预防疾病名称	疫苗种类	使用方法	免疫时间	免疫期
牛口蹄疫	O型-亚洲Ⅰ型二价灭活疫苗；部分地区需A型灭活疫苗	皮下或肌内注射	4～5个月首免，以后每隔6个月免疫一次	6个月
牛气肿疽	牛气肿疽灭活疫苗	皮下或肌内注射	1～2月龄	1年
牛巴氏杆菌病	牛巴氏杆菌灭活疫苗	皮下或肌内注射	5月龄可免疫，每年免疫1次	1年
牛炭疽	无毒炭疽芽孢苗、Ⅱ号炭疽芽孢苗；炭疽芽孢氢氧化铝佐剂疫苗	皮下或肌内注射	每年10月份免疫，对象为1周以上牛，次年3～4月为补注期	1年

第二节 一般检查方法和常规治疗技术

一、一般检查

● **全身状态观察** 精神状态：健康牛营养良好，被毛光亮，无脱毛现象，反应敏锐，站立姿势自然，运动时动作协调；患病牛精神沉郁，嗜睡，被毛无光，消瘦，不能正常站立，或跛行、瘫痪等。

健 康 牛

患 病 牛

● **皮肤检查** 触摸鼻端、耳根感觉是否发热。将皮肤皱褶捏起，若复原缓慢，表示皮肤失去弹性，是脱水的表现。若皮肤有肿胀和黄染，需做进一步检查。

触摸鼻端

触摸皮温

● **可视黏膜检查** 可视黏膜包括鼻黏膜、口腔黏膜、阴道黏膜、眼黏膜等，若潮红、苍白、黄染或发绀，需做进一步全身检查。

检查眼结膜

检查口腔黏膜

视诊鼻黏膜

检查阴道黏膜

● **体温检查**　检查体温计读数，将水银柱读数甩至35℃以下。让牛保持安静，将体温计用酒精消毒并润湿后旋转插入肛门，将体温计另一端固定在皮毛上。3 ～ 5分钟后，将体温计取出，平视读取温度。牛正常体温在37.5 ～ 39.5℃。由于一日中体温有波动，连续量体温时，每天应在同一时间量取。

插入体温计

用夹子将体温计固定

二、系统检查

● **循环系统检查** 主要通过听诊心率和心音判断有无病理改变。牛心脏听诊部位在左侧心区3～5肋间，胸壁下1/3处。心动过速或过缓，可见于发热病或心力衰竭。心音病理变化包括心音强度、性质和节律的异常改变。

心音听诊

● **呼吸系统检查**

➤ **呼吸运动检查** 未成年牛呼吸数20～50次/分，成年牛15～35次/分，可通过观察胸壁起伏和鼻孔呼出气体次数或听诊器听取呼吸次数来测定呼吸。健康牛呼吸时胸壁和腹壁的运动强度基本相等，称胸腹式呼吸。

➤ **上呼吸道检查** 健康牛鼻唇镜湿润，鼻腔无脓样或清水样物。如鼻唇镜干燥有热感，并伴有精神不振和食欲减退现象，提示有热性疾病。

健康牛呈胸腹式呼吸

患牛呈腹式呼吸，腹部起伏明显

● **消化系统检查**

➤ **口腔食管检查** 重点检查口腔黏膜有无糜烂和溃疡，牙齿有无松动。沿食管触摸有无发热感、肿胀和疼痛等异常。

观察舌面黏膜

观察口腔其他部位黏膜

➤ **腹部检查** 观察瘤胃是否臌胀，听诊瘤胃蠕动，正常蠕动次数 2～4次/分，辨别是否有钢管音和肠音等，触诊瓣胃、网胃和真胃是否变硬或有痛感。

触诊瘤胃

听诊瘤胃蠕动音

三、常规治疗技术

● **注射给药法**

➤ **皮下注射法** 一般选择颈部，局部剪毛消毒，术者右手中指和拇指捏起皮肤，食指下压皱褶呈窝状，右手持连接针头的注射器，与皮肤垂直进针，刺入2～3厘米，连接注射器后注入药物。

➤ **肌内注射法** 选择颈侧或臀部肌肉，局部剪毛消毒，将针头刺入肌肉，再连接注射器，注入药物。

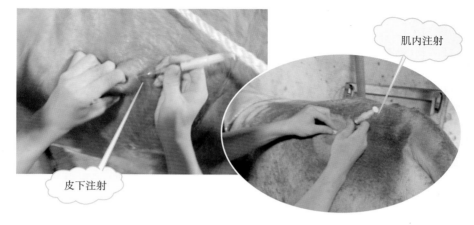

肌内注射

皮下注射

● **灌肠给药法** 直肠深部灌肠可以补充水、盐等营养物质，还可以将对肝脏毒性较大的药物灌入直肠，保护肝脏。

直肠插管

灌肠给药

● **口服给药法** 通过长颈玻璃瓶或塑料瓶从嘴角伸入，将药灌入牛的口腔内。灌入速度不宜过快，防止误入气管。

● **穿刺术**

➢ **瘤胃穿刺** 主要用于瘤胃臌气的急救和瘤胃内给药。选择左侧肷窝部，即左侧髋结节向最后肋骨所引的水平线的中点，距腰椎横突10 ～ 12厘米处，向右侧肘头方向迅速刺入10 ～ 12厘米。需第二次穿刺时，不可在第一次穿刺孔中进行。

➤ **瓣胃穿刺**　用于瓣胃阻塞的治疗。用长15～20厘米长的瓣胃穿刺针，在右侧第9～10肋骨前缘与肩端水平线交点的上方或下方2厘米范围内，与皮肤垂直并稍向左侧肘头的方向刺入10～12厘米，刺入后有硬、实的感觉。

瘤胃穿刺

瓣胃穿刺

第三节　牛的重要传染病

采　血

一、口蹄疫

口蹄疫是由口蹄疫病毒引起的一种传播快速的急性传染病，在我国属一类动物传染病。

● **症状**　体温升高到40～41℃，精神差，呆立，流涎。在舌面或上下唇、齿龈、蹄部、乳房等处出现大小不一的水疱，破裂后留下边缘较整齐的烂斑，当蹄部出现水疱时多表现为跛行。

齿龈烂斑

口腔流涎

● **防治** 疑似本病发生时，应立即向当地兽医主管部门报告疫情，在兽医主管部门指导下，采取封锁、隔离、消毒等综合措施，力争"早、快、严、小"的扑灭疫情。

防疫主要是免疫接种，应使用与流行毒株血清型相应的疫苗，常用疫苗有O型、A型和亚洲I型。

二、牛支原体肺炎

牛支原体肺炎是牛支原体感染所致，除导致牛肺炎外，还继发关节炎、腹泻、角膜结膜炎等，发病与运输应激相关。

● **症状与诊断** 体温升高至42℃左右，病牛精神差，咳嗽，有清亮或脓性鼻汁；有的患牛继发腹泻，粪水样或带血；有的表现跛行、关节脓肿等症状；严重者死亡。病理变化集中在胸腔与肺部，主要为肺和胸膜粘连，肺有化脓灶和肉样实变区。确诊需要进行牛支原体培养。

肺脏弥漫性分布化脓性坏死灶和大面积实变区

● **防治**　早期应用四环素类、环丙沙星、支原净等治疗有一定效果。

建议牛支原体肺炎早期的治疗方法：

多西环素：每千克体重1～2毫克，1次/日，静脉注射。

环丙沙星：每千克体重2.5毫克，2次/日，静脉或肌内注射。

支原净：饮水给药，剂量按照药品说明书使用。

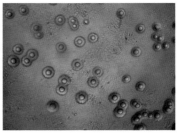

支原体典型的"煎蛋样"菌落形态（40倍放大）

三、牛结核病

牛结核病是由牛分支杆菌引起的一种人兽共患、慢性消耗性传染病。

● **症状与诊断**　肺结核较多见，病初干咳，渐变为湿咳，有时鼻流淡黄色黏性脓液。精神不振，食欲差，被毛无光，逐渐消瘦。体表淋巴结肿大。病势恶化时发生全身性结核，解剖时可在多种组织器官见到结核结节，结节中心可能出现化脓、干酪样坏死或钙化。

肺结核结节，切面示干酪样坏死

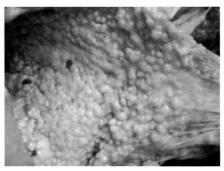

胸膜上的"珍珠样"结核结节

● **防治**　我国采取"检疫—扑杀"措施控制牛结核病。每年春秋两季用结核菌素皮内变态反应进行检疫，淘汰阳性牛。牛舍消毒可用10%漂白粉、5%来苏儿或3%福尔马林。

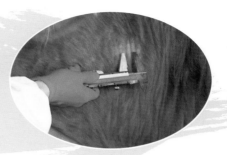

颈部皮内注入结核菌素　　　　　　　72小时后量皮厚

四、钱癣病

本病由真菌感染所致，头、颈部等不同部位出现"铜钱样"结节，严重时波及全身。

● **症状**　病初为小结节，逐渐扩大成隆起的圆斑，形成厚厚的灰白色石棉状痂块，严重时融合成一片。病牛发痒、不安、摩擦、减食、消瘦。

患牛皮肤"铜钱样"癣斑

● **防治**
➢ 用来苏儿等消毒液清洗患部，除去痂皮。
➢ 抗真菌软膏涂擦患部，每日1次。
➢ 污染器具用3%福尔马林或2%氢氧化钠消毒。
➢ 注意人员的自我防护。

第四节　牛主要的寄生虫病

一、牛蠕虫病

肉牛主要的蠕虫病包括吸虫病、绦虫病和胃肠道线虫病等。

● **吸虫病防治**　吡喹酮粉剂，每千克体重30毫克口服；肌内注射剂量为每千克体重10～15毫克。硝氯酚粉剂，每千克体重3～4毫克口服；针剂，每千克体重0.5～1.0毫克，深部肌内注射。

肝片吸虫　　　（张林、殷宏供图）

前后盘吸虫

（白启、殷宏供图）

瘤胃壁上的前后盘吸虫

● **绦虫病防治** 氯硝柳胺（灭绦灵）：每千克体重60～70毫克，一次口服。吡喹酮：每千克体重50毫克，一次口服。

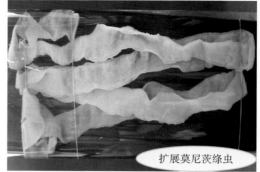

扩展莫尼茨绦虫

（张林、殷宏供图）

有齿食道口线虫

唇乳突丝状线虫

● **胃肠道线虫病防治** 伊维菌素，每千克体重0.2毫克，皮下注射。左旋咪唑，每千克体重6～10毫克，口服。

● **预防** 至少春、秋两次驱虫；将粪便堆积发酵、灭卵，防止病原散布等。

二、牛原虫病

巴贝斯虫病及牛泰勒虫病都是由蜱传播的血液原虫病。巴贝斯虫病临床上以高热、贫血、黄疸及血红蛋白尿为特征。牛泰勒虫病临床特征为高热、贫血、出血、消瘦和体表淋巴结肿胀。

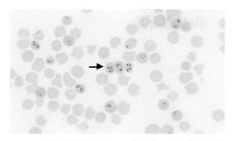

牛巴贝斯虫 （白启、殷宏供图）

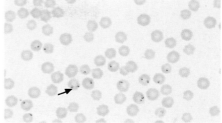

牛泰勒虫 （白启、殷宏供图）

● **防治**

➤ **治疗** 贝尼尔按照每千克体重3～4毫克，配成5%～7%溶液深部肌内注射。

➤ **灭蜱** 春季蜱幼虫侵害时，可用0.005%溴氰菊酯喷洒体表。在蜱大量活动期，每7天处理1次。

➤ **预防** 于发病季节前，每隔15天用贝尼尔预防注射1次。在疫区可以接种牛环形泰勒虫病裂殖体胶冻细胞苗预防环形泰勒虫病，但此苗对瑟氏泰勒虫病无保护作用。

三、牛皮蝇蛆病

牛皮蝇蛆病是由牛皮蝇的幼虫皮蝇蛆寄生于牛体背部皮下而引起的疾病。幼虫钻进皮肤和皮下组织移行时，引起牛只瘙痒、疼痛和不安。幼虫移行到背部皮下，局部隆起，随后皮肤穿孔，流出血液或脓汁。

牛皮蝇蛆三期幼虫（张林、殷宏、关贵全供图）

● **防治**

➤ **驱蝇防扰** 每年5～7月份，每隔半个月向牛体喷洒0.005%溴氰菊酯，防止皮蝇产卵。

➢ **患部杀虫** 手挤出幼虫处死，伤口涂以碘酊。使用倍硫磷按每千克体重5毫克肌内注射。

四、牛螨病

螨病是疥螨和痒螨寄生在动物体表而引起的慢性皮肤病，又叫疥癣。多发生于毛少而柔软的部位，患部剧痒，导致牛摩擦或啃咬患部和局部脱毛（脱毛区无固定形状）、皮肤发炎形成痂皮或脱屑。

螨病患牛皮肤剧痒，脱毛

治疗可用0.005%溴氰菊酯进行药液喷洒和涂擦。病情严重者可注射伊维菌素，按每千克体重0.2毫克皮下注射。由于疥螨完成一个发育周期8～22天，痒螨完成一个发育周期10～12天，应每隔1周重复用药，1～2次后方能杀灭新孵出的螨虫，以期达到彻底治愈的目的。用药后休药期35天。

第五节　常见普通病

一、前胃弛缓

前胃弛缓又称单纯性消化不良，是指因各种原因导致前胃神经兴奋性降低，胃壁收缩力减弱，瘤胃内容物运转缓慢，菌群失调，产生大量发酵和腐败的物质，引起消化障碍，食欲、反刍减退乃至全身机能紊乱的一种疾病。

● **症状** 明显的临床特征是"三少一弱一低"。即：食欲减少，反刍减少，前胃蠕动次数减少，胃壁收缩力减弱，触诊瘤胃壁紧张性降低。

患前胃弛缓患牛精神沉郁（左），瘤胃轻度臌气（右）

● **治疗** 使用10%氯化钠溶液500毫升和葡萄糖酸钙注射液100毫升单独静脉注射，同时肌内注射新斯的明；应用硫酸镁或硫酸钠400克、鱼石脂20克，温水1 000～2 000毫升一次内服，促使瘤胃内容物排出；为了预防脱水和自体中毒，还应补充适量的复方盐水和碳酸氢钠注射液。

二、瘤胃酸中毒

瘤胃酸中毒是由于牛采食过量的精料或长期大量饲喂酸度过高的青贮饲料，瘤胃中乳酸产生过多而引起的全身代谢性酸中毒。

● **症状** 肌肉震颤、腹泻、脱水，有的表现磨牙、呻吟、兴奋不安、慢性的前胃弛缓或跛行。

重度酸中毒牛表现兴奋不安

● **治疗** 5%碳酸氢钠注射液1 000～1 500毫升静脉注射；同时补充5%葡萄糖生理盐水，配合使用抗生素防治继发感染。降低颅内压可用甘露醇静脉注射。

三、瘤胃臌胀

瘤胃臌胀（瘤胃臌气）是瘤胃产生大量气体而引起瘤胃、网胃急剧臌胀的一种疾病。

● **症状** 发病急剧，腹围膨大，左肷窝明显突起，严重者高过背中线；反刍、嗳气停止，食欲废绝；听诊，瘤胃蠕动音初期增强，常伴发金属音，后期减弱或消失；叩诊瘤胃呈鼓音；触诊瘤胃腹壁高度紧张，手压不留痕。

牛瘤胃臌胀

● **治疗** 轻症者，可使用松节油20～30毫升或鱼石脂10～20克或酒精30～50毫升，温水适量，一次内服，可止酵消胀。重症者可用胃管放气或用套管针穿刺放气，同时注入以上药物。泡沫性臌胀可内服消胀片或菜籽油等。

四、胃肠炎

导致胃肠炎的原因很多，如采食了霉败饲料，或更换饲料、过度劳役、长途运输、微生物或寄生虫感染等。

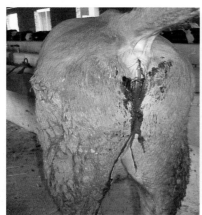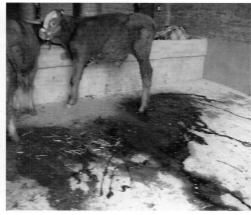

牛出血性肠炎

● **治疗** 轻症的牛可每次灌服0.9%食盐水2 500 ～ 4 000毫升，同时给予新鲜、青绿、多汁饲料；重症的需静脉注射5%葡萄糖氯化钠溶液，感染性胃肠炎需判定病原种类（如细菌、病毒、寄生虫等），针对性用药。出血性肠炎应使用止血敏、维生素K_3等止血药物。

五、牛常见蹄病

蹄病是指蹄壁、蹄底和蹄踵等发生病变或变形。

● **治疗** 全身应用抗生素和磺胺类药物。局部用防腐液清洗，去除任何游离的指（趾）间坏死组织，伤口内放置抗生素或其他抗菌消炎防腐药，绷带要环绕两指（趾）包扎，不要装在指（趾）间，否则妨碍引流和创伤开放。

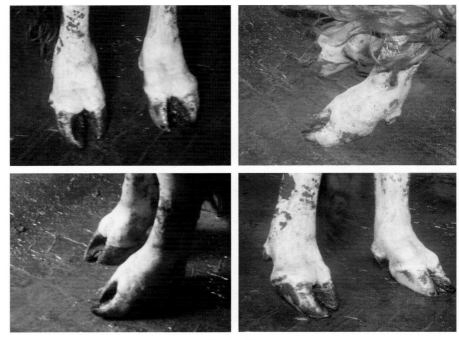

蹄 变 形

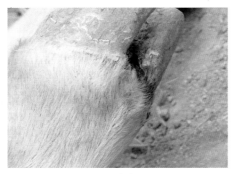

蹄冠肿胀

在炎症期间，清蹄后用防腐剂包扎，可暂时缓和炎症和疼痛，但不能根治。如果蹄叉间有增生物，根治的办法是沿增生物周围将其彻底切除。

7 第七章　肉牛屠宰与产品加工

第一节　屠宰场设计与规划

选址时应选择地势干燥、地面平坦且具有一定斜度的地方。要远离城市中心、居民密集点、医院、学校、水源及其他公共场所，且位于下风向。

贮养区、生产区、卫生屠宰区、生活区四区配置既互相衔接又严格隔离。尤其卫生屠宰区应严格与其他区隔开，筑有专门围墙，车辆、工具、人员、服装均为专用，严禁与其他部门交换和共用，急宰量按正常屠宰量5%左右设计。

● 贮养区　包括卸车月台、检疫间、饲养间等，应设立在屠宰、加工车间的下风向，与其他厂区分开。

● 生产区　包括屠宰加工车间、 预冷排酸间、急冻间和冷库、各种制品加工车间、副产品处理车间及化验室等。这是肉牛屠宰厂的核心区域，也是加工厂的防疫重地，非车间工作人员原则上不得进入生产区。

屠宰场规划图

待 宰 圈

● **生活区** 包括行政、管理、宿舍、食堂及其他生活设施。

第二节 肉牛的屠宰

肉牛屠宰的一般程序如下图所示。

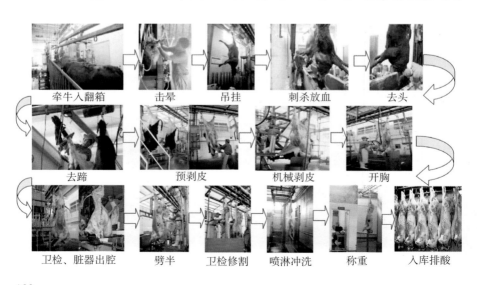

牵牛入翻箱　　击晕　　吊挂　　刺杀放血　　去头

去蹄　　预剥皮　　机械剥皮　　开胸

卫检、脏器出腔　　劈半　　卫检修割　　喷淋冲洗　　称重　　入库排酸

第三节　牛肉的分割与标准

牛肉剔骨分割车间

进入车间时穿戴工作服，手消毒

进入车间时进行消毒

剔骨分割输送机

● 牛肉胴体分割方法

➢ 二分体　剥皮后立即将胴体沿脊椎中线纵向锯成的两片称为二分体。

➤ 四分胴体　在每边胴体的第12～13肋间将胴体分成前和后1/4胴体。通常在后1/4胴体上保留一根肋骨，以保持腰肉的形状，便于将其切成肉排。

在第12～13肋骨之间将胴体分成几乎相等的4份，放到切肉台上时，总是内面朝上。

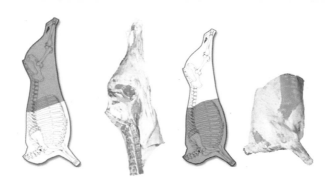

➤ 四分体　在第11～13肋，或第5～7肋骨间将二分体横截后得到的前、后两个部分称为四分体。

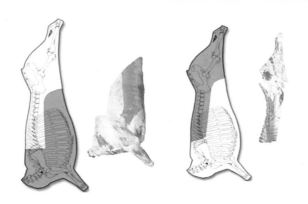

➤ 枪形前、后四分体　分割时一端沿腹直肌与臀部轮廓处切开，平行于脊柱走向，切至第5～7根肋骨，或第11～13肋骨处横切后得到的前、后两部分称为枪形前、后四分体。

● 分割肉块

➤ 牛柳 牛柳又叫里脊、菲力，即腰大肌。分割时先剥去肾脂肪，然后沿耻骨前下方把里脊剔出，然后由里脊头向里脊尾，逐个剥离腰椎横突，取下完整的里脊。重量占牛活重的0.83%～0.97%。

➤ 外脊 外脊又叫西冷，主要是背最长肌。分割时沿最后腰椎切下，再沿眼肌腹壁侧（离眼肌5～8厘米）切下，在第10～13胸肋处切断胸椎，逐个把胸、腰椎剥离。重量占活牛重的2.0%～2.15%。

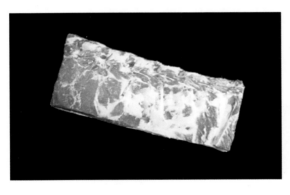

➤ 眼肉 主要包括背阔肌、肋最长肌、肋间肌等。其一端与外脊相连，另一端在第5～6胸椎处。分割时先剥离胸椎，抽出筋腱，在眼肌腹侧距离为8～10厘米处切下。重量占牛活重的2.3%～2.5%。

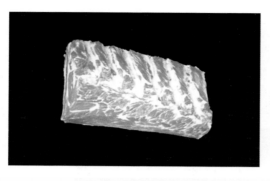

➢ **上脑** 主要包括背最长肌、斜方肌等。其一端与眼肉相连，另一端在最后颈椎处。分割时剥离胸椎，去除筋腱，在眼肌腹侧距离为6 ~ 8厘米处切下。

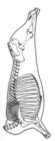

➢ **胸肉** 主要包括胸升肌和胸横肌等。在剑状软骨处，随胸肉的自然走向剥离，修去部分脂肪即成一块完整的胸肉。

➤ **腹肉** 腹肉又叫肋排，分无骨肋排和带骨肋排。主要包括肋间内肌和肋间外肌等。一般包括4～7根肋骨。

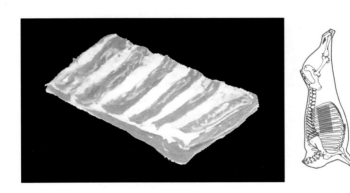

➤ **辣椒肉** 辣椒肉又叫辣椒条。位于肩胛骨前部，主要是冈上肌，是臂肉的一部分。从肱骨头与肩胛骨结节处紧贴冈上窝取出的形如辣椒状的净肉。

➤ **金钱腱** 金钱腱又叫金钱展。为臂二头肌，在肱骨前面，呈圆柱状，起自盂上结节，越过肱二头肌沟，止于桡骨近端，自前牛腱分离出的净肉。

➤ **板腱** 板腱又叫保乐肉、牡蛎肉。位于肩胛骨外侧，主要包括冈下肌、三角肌。沿肩胛外侧骨膜分离，由臂三头肌群自然缝取向剥离出的净肉。

➤ **米龙** 米龙也叫针扒。主要包括半膜肌、内收肌、股薄肌等。沿股骨内侧从臀股二头肌与臀股四头肌边缘取下的净肉，位于后腿外侧。重量占牛活重的1.5%～1.9%。

➢ **大黄瓜条** 又叫大米龙、烩扒。主要是臀股二头肌。与小黄瓜条紧紧相连，故剥离小黄瓜条后大黄瓜条就完全暴露，顺着该肉块自然走向剥离，便可得到一块完整的四方形肉块。重量占牛活重的0.7%～0.9%。

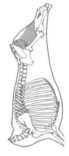

➢ **小黄瓜条** 又叫小米龙、鲤鱼管。主要是半腱肌。位于臀部，当牛后腱子取下后，小黄瓜条处于最明显的位置。分割时可按小黄瓜条的自然走向剥离。重量占牛活重的0.7%～0.9%。

➢ **臀肉** 又叫尾龙扒。主要包括臀中肌、臀深肌、股阔筋膜张肌。位于后腿外侧靠近股骨一端，沿着臀股四头肌边缘取下的净肉。重量占牛活重的2.6%～3.2%。

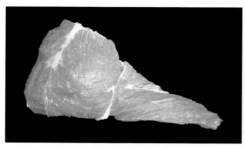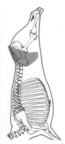

➤ **霖肉** 又叫膝圆、和尚头、牛林。位于股骨前面及两侧，主要是臀股四头肌。当大米龙、小米龙、臀肉取下后，能见到一块椭圆形肉块，沿股骨至膝盖骨分离及肉块自然走向剥离，便可得到完整肉块。重量占牛活重的2.0%～2.2%。

➤ **腱子肉** 腱子肉又叫牛展，分为前腱子、后腱子。主要是前肢肉和后肢肉。前腱子从尺骨端下刀，剥离骨头，后腱子从胫骨上端下刀，剥离骨头取下。重量占牛活重的2.70%～3.10%。

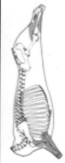

第四节 副产物加工处理

● 脏器利用

脏器出腔后进行卫检

分拣、清洗

包 装

● 皮革

修割后冷冻或腌制

● 牛骨

胶体磨粉碎

高压蒸煮

均 质

除 油

喷雾干燥

提取物浓缩

包装成品

酶 解

● 牛蹄筋的利用

➢ **压牛蹄筋** 选料、修整→卤制（加辅料、水，90分钟）→铺好白布→两层洗净的熟蹄筋间夹一层牛肉→白布包裹紧→放在木板下（上加重物，4小时）→凉透→成品。

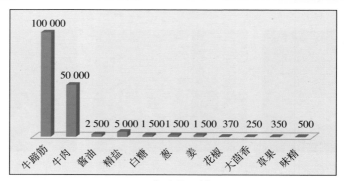

压牛蹄筋配料

注：图中数值表示比例关系。

➢ **水晶牛蹄筋** 将鲜蹄筋用沸水煮一下后，洗净。各种调料用纱布包成料包，熬煮30分钟后将蹄筋、精盐、料酒、白糖加入，加水使汤与蹄筋持平，旺火烧沸后，转小火焖煮40分钟入味，捞出蹄筋，晾凉。将蹄筋整齐装入包装袋中，抽真空封口，在0.2兆帕、121℃条件下高压20分钟，反压冷却后即可。

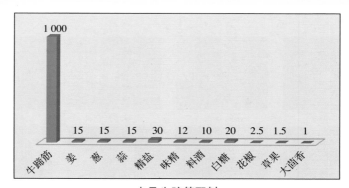

水晶牛蹄筋配料

注：图中数值表示比例关系。

➤ **蹄筋牛肉肠** 将牛肉及蹄筋切成小块，用精盐腌渍24小时，期间要翻动几次，使肉充分腌透。将切好的牛肉绞成0.6厘米³肉馅，蹄筋用斩拌机斩成糜状，加入其余配料拌匀。把拌好的肉馅灌入肠衣，两端用绳扎紧，在生肠的周围用绳绕数道，将锅内水烧至86℃，生肠下锅，温度降至78℃，保温煮1～1.5小时后出锅，凉后即送入0℃的冰箱内，经24小时即成。

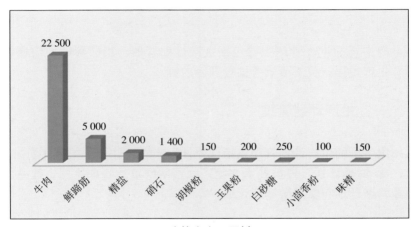

蹄筋牛肉肠配料

注：图中数值表示比例关系。

8 第八章 肉牛场管理

第一节 肉牛场生产管理

肉牛场的生产管理主要包括生产计划管理、指标管理、信息化管理、生产规程、员工绩效考核管理等内容。

一、生产计划管理

肉牛场的生产计划管理包括饲养计划、周转计划和饲料计划。

● 饲养计划　根据技术方案，以预期增重为管理目标，建立总的饲养管理计划和新进牛调理计划。

饲喂管理计划（短期育肥）

入栏时间（月）	1月	2月	3月	4月	5月	6月	出栏
精饲料（千克/头）							
青贮饲料（千克/头）							
酒糟饲料（千克/头）							
干麦秸（千克/头）							
……							
理论体重（千克）							
实测体重（千克）							

新进牛调理计划

入栏时间	第一周	第二周	第三周	第四周
隔离管理	牛体消毒、驱虫	健胃调理	防疫	分栏后正常饲喂
饲料及药品				

● **周转计划**　根据市场行情、资金情况制订每月肉牛周转计划。

肉牛存栏、出栏计划

项目	存栏牛管理（头）				饲养能力（头）			出栏任务	
日期	期初存栏	收购入栏	屠宰出栏	死亡淘汰	期末存栏数量(头)	满圈率（%）	死亡率（%）	出栏计划（头）	完成率（%）

● **饲料计划**　包括饲料采购、生产与使用计划。根据牛的入栏、出栏及存栏量，确定每月饲料种类及使用量，制订饲料生产与采购计划。

饲草料使用、采购计划

品名	使用数量	库存数量	计划采购数量	到货日期	备　注

二、指标管理

● **采购体重**　根据饲养目的和品种，制订育肥肉牛采购指标。

● **出栏体重**　根据饲养时间长短、性别、品种等因素，制订相应的育肥出栏体重指标。

● **日增重**　根据月龄、性别、品种、生产目的等因素，综合考虑饲料供给等因素，制订日增重指标。

● **死亡率**　根据饲养管理水平、饲草料质量、防疫、治疗、季节和阶段等因素，控制在0.5%以下。

● **淘汰率**　低于3%。

● **免疫率**　100%。

● **满圈率**　根据肉牛场情况制订满圈率，提高圈舍利用率（如98%等）。

● **出栏牛等级比例**　按照不同的育肥目标制订出栏牛等级比例指标。

三、信息化管理

　　档案信息化是信息化管理的基本要求，完整的信息化管理包括生产过程中各种信息的采集、分析和生产预警。

　　● 信息采集　包括繁育、收购、入场、生长记录、防疫治疗、饲料供应、出栏等。耳号是肉牛唯一的识别身份。纸质资料与电子档案资料需对应一致，以便实施质量追溯。

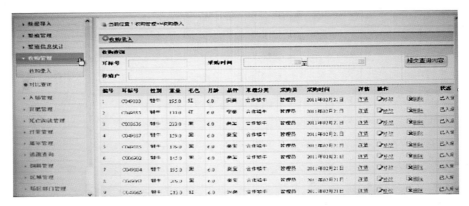

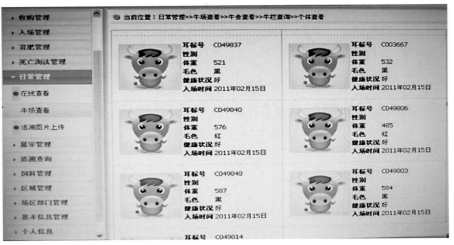

肉牛质量追溯系统

● **生产预警**　根据电子档案中记录的肉牛生产信息及兽医保健登记信息，对这些信息设定预警限，超过预警限则自动预警，以保障对肉牛生长及保健的实时管理。这些预警有隔离预警、出栏预警、休药期预警、免疫预警和消毒预警。

四、生产规程

通过制定各种管理制度、技术标准、操作规范、工作流程等手段，达到技术方案设计的指标和水平。

● **管理制度**　分为人事管理制度、岗位职责、卫生防疫管理制度、养殖管理制度等。

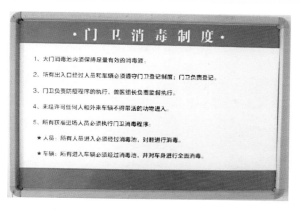

● **饲养规程及工作流程** 包括饲料加工技术规范、活牛与饲草料采购验收标准、饲喂管理规程等。

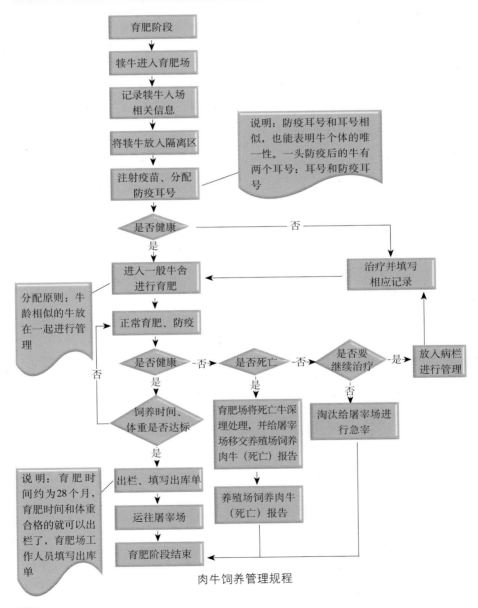

肉牛饲养管理规程

五、员工绩效考核管理

员工绩效考核管理主要有饲养员考核（食槽、水槽等卫生指标、饲喂指标、发病率、日增重等）、技术员考核（技术方案适用性、饲料报酬率等）、兽医考核（发病率、死亡率、淘汰率等）。

不同的岗位有不同的绩效考核内容，生产一线岗位为周考核，技术岗位与管理岗位根据实际需要可按月、季、年考核，按照绩效与奖惩挂钩。

第二节　肉牛场经营管理

一、组织结构和人员配置

肉牛养殖场一般由总经理、养殖部、技术部、经营部、办公室、财务部等构成。

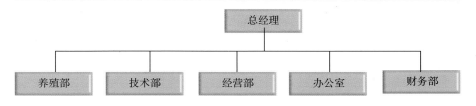

● **部门职能及岗位职责**　肉牛场明确规定各部门职能并分解到具体岗位，工作岗位设置要充分考虑各项工作的有序开展，使每项工作得到有效实施。绩效考核指标的设计要能激发员工主观能动性及创造性，提高养殖效益。

➤ **总经理**　全面主持牛场的生产经营管理工作，制订各项管理制度及管理指标，检查落实技术方案的有效性及各项工作的进展，对各部门进行绩效评估，及时了解市场信息，调整生产计划，协调场内各部门之间及场外相关部门的沟通。

➢ **养殖部** 负责肉牛饲喂、疾病防治和生产环境的清洁。

➢ **技术部** 负责建立技术管理制度，制订技术方案，监督生产过程中技术规程的执行及生产质量的控制。

➢ **经营部** 负责活牛市场信息的搜集、架子牛的采购及育肥牛的销售。

➢ **办公室** 负责行政、人事、后勤管理，除活牛外的物资采购。

➢ **财务部** 负责公司财务管理。

➢ **总畜牧师** 负责育肥、繁育牛的技术档案管理，牛群周转计划，饲草料使用计划等；制订饲养方案、配方及饲料加工标准；负责生产测定工作，包括体尺测量、日增重、饲料转化率的测定工作，对技术方案效果进行评价并负责改进；制订饲料原料采购标准，负责原料进厂验收工作及成本控制，负责全场员工技术培训等。

➢ **兽医** 建立防疫管理制度，负责全厂消毒防疫工作，建立疾病治疗档案，制订预防及治疗方案，及时了解周围地区疫病流行情况等。

➢ **饲养员** 负责肉牛饲喂，牛舍、饲喂通道及卫生区域的清洁和消毒，及时清理饲料残渣和杂物，观察牛群采食、饮水、精神状态等，及时发现肉牛异常情况并上报，按照技术方案调栏及病牛调理；牛舍内基础设施维护，牛舍月度存栏盘点。

➢ **采购员** 负责采购物品的市场信息采集、询价、议价，及时了解市场价格波动情况，活牛采购区域疫病流行情况，负责办理采购物品付款、入库、对账、报账等，对所采购物品质量负责。

● **牛场人员配置**

中等规模（年出栏 2 000 头）牛场基本人员配置

岗位名称	定员人数	备　注
总经理	1	
办公室	3	
财务人员	3	
技术员	2	
采购人员	2	

（续）

岗位名称	定员人数	备　注
兽医	1	
饲养员	10	每舍配置一名，根据设施配备确定
饲草料加工、运送、维修等	3	根据设备情况确定
炊事员	1	
门卫	2	
合计	28	

二、财务管理

● 肉牛养殖场的财务管理项目

➤ 设备设施投资管理　房屋建筑物、机器设备、交通运输工具、办公设施等的投资与管理。

➤ 存货的管理　消耗性生物资产（种畜）、饲料、药品及其他低值易耗品等的购置及管理。

➤ 人工及制造费用的管理　人员工资及福利、临时人员的工作安排及协作费用、设备维修等制造费用的统计、归集及分摊。

➤ 期间费用的管理　营业费用、管理费用及财务费用等的统计、分析及管理。

➤ 收入、成本及效益考核的核算与管理

➤ 成本核算　生产成本是衡量肉牛养殖场经济效益高低的重要指标，是经济核算的中心。

肉牛生产中一般要计算饲养日成本、增重成本、活重成本和主产品成本。

$$饲养日成本 = \frac{该肉牛群饲养费用}{该肉牛群饲养头日数}$$

$$育肥牛增重成本 = \frac{该群饲养费用 - 副产品价值}{该群增重}$$

该群增重＝（该群期末存栏活重＋本期离群活重）－（期初结转活重＋期内转入活重＋购入活重）

$$育肥牛活重单位成本 = \frac{期初活重总成本 + 本期增重总成本 + 投入转入总成本 - 淘汰畜残值}{期末存栏活重 + 期内离群活重}$$

$$千克牛肉成本 = \frac{出栏牛饲养费 - 副产品价值}{出栏牛的牛肉总产量}$$

单头牛育肥成本＝种畜成本＋育肥成本＋死淘均摊损耗

● 财务收支管理

肉牛养殖场支出＝仔畜购进支出＋饲料支出＋兽药支出＋工资支出＋水电费＋设备维修费＋固定资产折旧费＋管理费＋销售费＋保险费

财务支出经办人必须认真填写相应凭单，由主管领导、财务部门及总经理审核签字后方可办理，费用报销必须有正规发票。对于已流转完毕的账务单据，财务部门应当及时进行账务处理，登记相应的账簿，定期与有关部门对账，保证双方账项一致。

肉牛养殖场收入＝犊牛销售收入＋育肥牛销售收入＋粪便收入

财务部门根据实际销售及时开具销售单，库房依据销售单开具出库单，并办理相关出库手续，同时财务部门应当及时编制会计凭证，登记有关收入和与应收账款往来的会计账簿。财务部门还应加强应收款项的催收与核对，保证与客户的往来核算一致。

● 财务考核指标

➤ 产值利润及产值利润率 产值利润是产品产值减去可变成本和固定成本后的余额。产值利润率是一定时期内总利润与产品产值之比。

➤ 销售利润及销售利润率

销售利润＝销售收入－生产成本－销售费用－税金

销售利润率＝产品销售利润/产品销售收入

➤ 营业利润及营业利润率

营业利润＝销售利润－推销费用－推销管理费

营业利润率＝营业利润/产品销售收入

➢经营利润及经营利润率

经营利润＝营业利润±营业外收支

经营利润率＝经营利润/产品销售收入

➢资金周转率（年）

资金周转率（年）＝年销售总额/年流动资金总额

➢资金利润率

资金利润率＝资金周转率×销售利润率

附录 肉牛标准化示范场验收评分标准

申请验收单位：		验收时间： 年 月 日			
必备条件 (任一项 不符合不 得验收)	1.场址不得位于《中华人民共和国畜牧法》明令禁止区域，并符合相关法律法规及区域内土地使用规划		可以验收□ 不予验收□		
	2.具备县级以上畜牧兽医部门颁发的《动物防疫条件合格证》，两年内无重大疫病和产品质量安全事件发生				
	3.具有县级以上畜牧兽医行政主管部门备案登记证明；按照农业部《畜禽标识和养殖档案管理办法》要求，建立养殖档案				
	4.年出栏育肥牛500头以上，或存栏能繁母牛50头以上				
验收 项目	考核 内容	考核具体内容及评分标准	满分	得分	扣分 原因
一、选址 与布局 (20分)	(一) 选址 (4分)	距离生活饮用水源地、居民区和主要交通干线，其他畜禽养殖场及畜禽屠宰加工、交易场所500米以上，得2分。否则酌情扣分	2		
		场址地势高燥，得1分；通风良好、背风向阳，得1分	2		
	(二) 基础 设施 (5分)	水源稳定，有水质检验报告并符合要求，得1分；有水贮存设施或配套饮水设备，得1分	2		
		电力供应充足有保障，得2分	2		
		交通便利，有专用车道直通到场，得1分	1		
	(三) 场区 布局 (8分)	场区与外环境隔离，得2分。场区内办公区、生活区、生产区、隔离区、粪污处理区完全分开，布局合理，得2分；部分分开，适当扣分	4		
		育肥场有育肥牛舍，得3分，有运动场（≥6米²/头）得1分。或母牛繁育场有单独母牛舍、犊牛舍、育成舍、育肥牛舍，得2分，有运动场（≥15米²/头），得2分	4		

（续）

验收项目	考核内容	考核具体内容及评分标准	满分	得分	扣分原因
一、选址与布局（20分）	（四）净道和污道（3分）	净道、污道严格分开，得3分；有净道、污道，但没有完全分开，得2分；完全没有净道、污道，不得分。或牧场有放牧专用牧道，得3分	3		
二、设施与设备（32分）	（一）牛舍与饲养密度（6分）	牛舍为有窗式、半开放式、开放式，得4分；简易牛舍，得2分	4		
		牛舍内饲养密度≥3.5米²/头，得2分；<3.5米²/头，得1分	2		
	（二）消毒设施（6分）	场门口有消毒池，人员更衣、换鞋室和消毒通道，得2分；场内有行人、车辆消毒槽，得2分；没有不得分	4		
		有环境消毒设备，得2分；没有不得分	2		
	（三）养殖设备与设施（14分）	牛舍内有固定食槽，得2分；运动场或犊牛栏设补饲槽，得1分；没有不得分	3		
		牛舍内有饮水器或独立饮水槽，得1分；运动场设饮水槽，得1分；没有不得分	2		
		有全混合饲料搅拌机，有4分；不具备者，视设备装备情况适当扣分	4		
		有足够容量（10米³/头）的青贮设施，得3分；有青贮设备，得2分；没有不得分 或牧区有足够容量（2吨/头）的干草棚库，得3分；有铡草机，得2分；没有不得分	5		
	（四）辅助设施（6分）	有档案室，得1分	1		
		育肥牛场有兽医室，得3分；或母牛繁育场有兽医室，得1分；有人工授精室，得2分	5		
		有装牛台，得1分；有地磅，得1分；没有不得分	2		
三、管理制度与记录（28分）	（一）饲料供应管理（3分）	使用精料补充料，得1分，否则不得分；有粗饲料供应和采购计划，得2分；或牧场实行划区轮牧制度、季节性休牧制度，建有人工草场，得3分，不足之处适当扣分	3		

（续）

验收项目	考核内容	考核具体内容及评分标准	满分	得分	扣分原因
三、管理制度与记录	（二）疫病防治制度（8分）	有消毒防疫制度，记录完整，得2分	2		
		（28分）	2		
		有预防、治疗肉牛常见病规程，得2分	2		
		有兽药使用记录，包括适用对象、使用时间和用量记录。记录完整，得2分；不完整，适当扣分	2		
三、管理制度与记录（28分）	（三）生产记录（11分）	有科学的饲养管理操作规程，得2分；张贴上墙，得1分	3		
		育肥场购牛时有《动物检疫合格证明》，有牛群周转（品种、来源，进出场的数量、月龄、体重）记录。记录完整，得6分；不完整，适当扣分 繁育场或牧场有配种方案和繁殖记录（品种、与配公牛、预产日期、产犊日期、犊牛初生重）。记录完整，得6分，不完整适当扣分	6		
		有完整的精粗饲料消耗记录。记录完整，得2分，不完整，适当扣分	2		
	（四）档案管理（4分）	牛群周转、疫病防治、疫苗接种、饲料采购、配种繁殖、兽药使用、人员雇佣的档案资料保存完整，得4分；不完整，适当扣分	4		
	（五）人员配备（2分）	有1名以上经过畜牧兽医专业知识培训的技术人员，持证上岗，得2分	2		
四、环保要求（12分）	（一）粪污处理（6分）	有固定的牛粪储存、堆放场所，并有防雨、防渗漏、防溢流措施，得3分；有不足之处，适当扣分	3		
		有沼气发酵或其他处理设施，或采用农牧结合方式做有机肥利用，得3分；不足之处，适当扣分	3		
	（二）病死牛处理（6分）	配备焚尸炉或化尸池等病死牛无害化处理设施，得3分	3		
		病死牛采用深埋或焚烧等方式处理，得2分；有记录，得1分	3		

（续）

五、生产水平（8分）	生产水平（8分）	育肥场育肥期平均日增重≥1.2千克，得8分，否则得4分 繁育场或牧场的母牛繁殖率≥80%，得4分，否则适当扣分；犊牛成活率≥95%，得4分，否则适当扣分	8		
总　分			100		

验收专家签字：

参 考 文 献

陈国宏, 张勤, 2009. 动物遗传原理与育种方法 [M]. 北京：中国农业出版社.

陈友亮, 周光宏, 2002. 牛产品加工新技术 [M]. 北京：中国农业出版社.

陈幼春, 吴克谦, 2007. 实用养牛大全 [M]. 北京：中国农业出版社.

陈幼春, 1999. 现代肉牛生产 [M]. 北京：中国农业出版社.

郭志勤, 1998. 家畜胚胎工程 [M]. 北京：中国科学技术出版社.

刘继军, 贾永全, 2008. 畜牧场规划设计 [M]. 北京：中国农业出版社.

朴范泽, 2009. 兽医全攻略·牛病 [M]. 北京：中国农业出版社.

王成章, 王恬, 2005. 饲料学 [M]. 北京：中国农业出版社.

王根林, 2007. 养牛学 [M]. 第 2 版. 北京：中国农业出版社.

王之盛, 2009. 奶牛标准化规模养殖图册 [M]. 北京：中国农业出版社.

颜培实, 李如治, 2011. 家畜环境卫生学 [M]. 北京：高等教育出版社.

昝林森, 2000. 肉牛饲养技术手册 [M]. 北京：中国农业出版社.

郑丕留, 张仲葛, 陈效华, 等, 1988. 中国牛品种志 [M]. 上海：上海科学技术出版社.

周光宏, 2002. 畜产品加工学 [M]. 北京：中国农业出版社.

NY/T 676—2010   牛肉等级规格

NY/T 815—2004   肉牛饲养标准

图书在版编目（CIP）数据

肉牛标准化规模养殖图册 ／ 王之盛，万发春主编
．—北京：中国农业出版社，2019.5（2021.2重印）
（图解畜禽标准化规模养殖系列丛书）
ISBN 978-7-109-25205-9

Ⅰ．①肉… Ⅱ．①王… ②万… Ⅲ．①肉牛－饲养管
理－图解 Ⅳ．①S823.9-64

中国版本图书馆CIP数据核字（2019）第018710号

中国农业出版社出版
（北京市朝阳区麦子店街18号楼）
（邮政编码 100125）
责任编辑 颜景辰 刘 伟 张艳晶

中农印务有限公司印刷 新华书店北京发行所发行
2019年5月第1版 2021年2月北京第5次印刷

开本：880mm×1230mm 1/32 印张：5.75
字数：190千字
定价：30.00元
（凡本版图书出现印刷、装订错误，请向出版社发行部调换）